微生物

目には見えない支配者たち

Nicholas P. Money 著
花田智 訳

SCIENCE PALETTE

丸善出版

Microbiology

A Very Short Introduction

by

Nicholas P. Money

Printed in Japan

訳者まえがき

大学生向けの微生物学の簡単な教科書が欲しい.

と，ため息混じりに漏らす微生物学を教える大学教員は少なくないのではないだろうか．微生物学全般をさらりと俯瞰でき，一読してその全容を理解できるような教科書にめぐり会える機会はめったにない．どうしてそのようなものが容易に見つからないのか？　それは，“微生物”という“たった漢字三文字で表された言葉”が内包する生物学的な広がりが驚くほど広大であり，含まれる分類群が多岐にわたっているからにほかならない．

そもそも微生物の定義とは“肉眼ではとらえることのできない小さな生物”のことであり，大腸菌などの細菌やカビ・キノコなどの真菌類，植物プランクトンの微細藻類，アメーバやゾウリムシなどの原生生物，はてはウイルス粒子までを含む巨大で多様な生物群の総称なのである．われわれヒトを含めイヌやネコといった哺乳類，爬虫類や魚類，昆虫を代表とする節足動物，ミミズなどの環形動物など，肉眼でとらえることのできる生物は，たしかに多種多様ではある．しかし，それらは生物全体の中では少数派に過ぎないのだ．生物の大部分はわれわれの肉眼で見ることのできない微生物なのである．この微生物の全容を解説するためには，細菌学から真菌学，藻類学，原生生物学，さらにはウイルス学までの膨大な知識が必要とされる．とても一人の研究者が単独で対応できる守備範囲ではない．野球でいうなら，すべての守備（つまりピッチャーだけでなくキャッチャー，はては外野から内野までのすべて）をたった一人でやるようなものだ．微生物学の解説を野球に喩えるのは不適切に過ぎる比喩ではあるのだが，これがいかに容易ならざることかわかっていただけるだろう．

だが，その達成不可能に近い偉業を成し遂げたのがマイアミ大学のニコラス・P・マネー教授である．本書のもととなったオックスフォード大学出版局 Very Short Introduction シリーズの中の 1 冊 “Microbiology” がその偉勲の書なのだ．マネー教授の専門はカビやキノコを扱う真菌学であるが，アメーバなど原生生物にも造詣が深く，微生物全般にわたる広い見識をお持ちである．本書をご一読いただければすぐにおわかりいただけると思うが，マネー教授はバクテリアからアーキア（古くは古細菌と呼ばれた分類群），カビ，酵母，キノコ，微細藻類，原生生物に加えウイルスまで，微生物のすべてを網羅し，かつ簡便に解説している．多種多様な微生物すべてを 1 冊に凝縮した本書こそ，マネー教授自身の豊富な知識の賜(たまもの)であるといえよう．

本英文テキストの翻訳にあたっては，原文に忠実であることを心がけたが，話の流れをわかりやすくするために説明の順番を入れかえたり，意訳せざるを得なかった部分も少なくない．特に第2章の，微生物の多様なエネルギー獲得様式や電子伝達に関する記述は，訳者の責任で若干の加筆修正をさせていただいた．また，私の専門とする細菌系統分類学や生理学にかかわる記述に関しても，最新の情報を盛り込んで，ブラッシュアップされている．その過程でつい筆が滑ったことも少なくはないが，このような分をわきまえない不調法も，ひとえに本書の質をよりよくしたいという真摯な思いからであるとご理解いただき，ご容赦いただけるなら幸甚である．また，そこでの誤謬（ごびゅう）の責任は，著者にではなく，すべて訳者である私にあるということを付け加えさせていただきたい．

なお，本書の翻訳にあたり，貴重なご意見を賜った東京大学大気海洋研究所の木暮一啓先生，東京農工大学の豊田剛己先生，そして京都大学の吉田天士先生に，この場を借りて感謝の意を表したい．また，私に翻訳の機会を与えてくれただけでなく，本書の編集と出版にご尽力いただいた丸善出版株式会社の木下岳士氏に深く感謝するとともに，本書が目に見えないものを可視化する顕微鏡となり，読者の皆様の網膜に，そして頭の中に地球生態系をつかさどる「目には見えない支配者たち（微生物）」の実像（イメージ）が結ばれるよう願ってやまない．

2016年6月　吉日

花田　智

目　次

第１章
微生物の大いなる多様性

われわれの住むこの地球は，目には見えない生き物，すなわち微生物で満ちあふれている．

そういわれても，おいそれと信じることはできないはずだ．野に咲く花や足下にじゃれつく猫なら当然のごとく目で見ることは可能だし，手を伸ばせばそれらに触れることだってできる．だが，微生物の存在はその小ささゆえに肉眼では確認することができないし，当然それを指でつまみ上げることもかなわない．人類はその歴史の大半を，虫より小さな生き物が身のまわりにいることを知らずに過ごしてきたのだ．

古代ローマの哲学者ルクレティウスは「ある種の小さな生き物が……口や鼻を通って身体の中に侵入し，それが重篤な病の原因となる」と推論したという．ルクレティウスが目に見えない微生物が存在しているという真実におぼろげにも気づいていたのは今より2000年以上も前の紀元前のことである．ただし，彼のコンセプトが実際に意味を持ちはじめるのは，顕微鏡が発明された17世紀以降になってからである．

顕微鏡の視野の中で，驚くべき数の微生物が蠢(うご)めいているのが見えた．1000万のバクテリア（細菌）が一つまみの土の中で生きていた．1滴の海水には50万を超えるバクテリアとあまたのウイルスがおり，大気は微小なカビの胞子に満ち，ヒトの腸内では100兆個のバクテリアでいっぱいだった．すべての目に見える生物，そしてすべての無生物体の表面もまた肉眼ではとらえることのできない微生物によって覆われていた．また，微生物は火山や海底熱水噴出孔の周辺でも，流氷の塊の中にも，深海底の古(いにしえ)の堆積物の中にも見つかっているのだ．

微生物学とは，このような目に見えぬ微小な生物を研究する学問である．ここでいう微生物とは，バクテリア（細菌），アーキア（かつては「古細菌」とよばれていた単細胞生物），真菌類（キノコやカビ，酵母），そして原生生物と称される驚くほど多様な単細胞生物のことである．これに加えて，微生物学者の中にはウイルスを研究対象としている者もいる．ウイルスとは，いかなる単細胞生物に比べるまでもない単純な構造を持ったものである．ウイルスは細胞構造を持たず，ゆえに単独で増殖することもできないので，生物の定義から外れたもの，つまり“非生物”と見なされることも多いが，本書では欠かすことのできない微生物の1つとして取り扱うこととする．

われわれの肉眼でとらえることのできる生物――いわゆる微生物ではない“普通の”生物――は，すべて太陽光を利用した光合成に依存して生きていると考えることができる．太陽光を使って生きる植物，その植物を食べて生きる草食動物，その動物を捕食する肉食動物，といった食物連鎖の根底を支えているのは生産者である光合成を行う植物にほかならない．微生物の役割としての一般的な考え方は，その食物連鎖における分解者として動植物の遺骸・遺体の分解と物質のリサイクルに寄与しているというものであろう．確かに，分解は地球生態系における微生物の重要な役割であることは事実である．しかし，微生物の代謝や生活様式は，目に見える“普通の”生物とは比較にならないほど多様なのだ．

微生物の中には，植物と同じように光合成によって生きるものも数多く存在している．シアノバクテリアとよばれるバクテリアの一種や藻類と称される原生生物の一群がそれであり，分解者としてではなく，植物同様に生産者として食物連鎖に関与しているのである．また，微生物の中には光合成に依存することなく生産者の役割を担うものも存在している．これらは化学独立栄養生物とよばれるものであるが，われわれが炭水化物やタンパク質，脂肪をエネルギー源にしているのとは明らかに異なり，水素ガスや硫化水素，硫黄，アンモニア，メタンなどの単純な無機物をエネルギー源として生育する．つまり，これら特殊な代謝経路を持つ微生物は，恒久的暗黒環境においても太陽光に一切依存しない独特かつ完全な生態系を生産者として支えることが可能なのである．

このような微生物の“特殊能力”が宇宙生物学者の好奇心

を刺激し，想像をかき立てているのは事実である．彼らは，地球上の特殊環境に生息する微生物の研究から得られた科学的事実に基づいて，木星の衛星エウロパの氷に覆われた海の底に，土星の衛星タイタンを満たすメタンの海の中に存在するであろう微生物生態系を，思い描くことができるのだ．

微生物の発見と微生物学のはじまり

17世紀の初頭のヨーロッパでは，光学機器の研究開発が進み，望遠鏡に次いで顕微鏡も開発された．月面にでこぼこがあることを見つけ，木星に4つの衛星があることを発見したことから“天文学の父”と称されるイタリア人科学者ガリレオ・ガリレイは，望遠鏡ばかりではなく顕微鏡の改良も行っていた．ガリレイは，自ら作成した顕微鏡を用いて，昆虫の複眼を観察してスケッチを残している．イギリス王立協会員のロバート・フックが1665年に出版した『顕微鏡図譜（ミクログラフィア）』には顕微鏡（または望遠鏡）を使って昆虫や植物の微細構造を観察した70点のスケッチが掲載されている．その中にはカビの胞子嚢(のう)の構造を描いたものも含まれており，世界ではじめての微生物の図解であるとされる．フックと同時代のオランダ人アマチュア研究者アントーニ・ファン・レーウェンフックは，さらに高い解像度（200倍程度の倍率）を持った顕微鏡を自作して，より微小な微生物ワールドの探索を試みている．彼は，自らの歯垢(しこう)の中に螺(ら)旋菌(せんきん)や桿菌(かんきん)などのバクテリアを，雨水や海水の中に多種多様な形態を持つ原生生物を，そして発酵過程にあるビールの中に球形ないしは，だ円形の酵母を発見したのだ．

これに続く18世紀は，一握りの才気ある研究者による研究は行われていたものの，微生物学自体はほとんど発展することはなかった．微生物学の大いなる進歩は，翌19世紀にフランス人微生物学者ルイ・パスツールの登場をもってはじまるのだった．空気中の微生物の混入がない限りは，ガラス容器内の熱で殺菌された肉汁が腐ることはないことを実証し，生命の自然発生を否定した（1861年）のがパスツールである．それればかりではなく，パスツールは炭疽菌（バチルス・アントラキス *Bacillus anthracis*）というバクテリアによって引き起こされる炭疽症に対するワクチン（1881年）や，狂犬病ウイルスが病原体である狂犬病のワクチン（1885年）を開発している．

炭疽菌自体の分離培養と特定は，ドイツ人細菌学者のロベルト・コッホによって行われている（1876年）．コッホは，病巣から炭疽菌を分離し純粋培養することに成功しただけでなく，それを健康なネズミに接種すると炭疽が起きること，さらには新たな病巣からふたたび炭疽菌を分離できることを実証した．これが科学的実証実験に基づき感染症と病原体との因果関係を証明した最初の報告であるが，ここで用いられた実証手法，すなわち病巣からの病原体の分離，接種による感染症の発病，そして病巣部からの同一病原体の再分離は**コッホの原則**とよばれ，感染症の病原体を特定する際の指針とされるものである．

顕微鏡が発明された後も，古典的なアリストテレスの生物分類——感覚・運動能のある動物とそれを持たない植物に二分する生物分類法——は根強く残っていた．1866年に，これらに新たに**第三の分類**を加えたのはドイツの生物学者エルンスト・ヘッケルである．動物とも植物ともつかぬ微生物が属する区分として，ヘッケルは動物界，植物界に，3番目の生物界**原生生物界（プロチスタ）**を加えることを提唱した（これを**三界説**とよぶが，1969年にアメリカの生物学者ロバート・ホイタッカーは光合成や捕食，分解などの栄養摂取方法の違いに立脚した新しい生物分類法である**五界説**——動物界・植物界・菌界・原生生物界・モネラ界——を提案した）．しかし，現在では，遺伝子配列に基づく系統進化学的研究の著しい進歩によって，生物全体の系統関係が見直さ

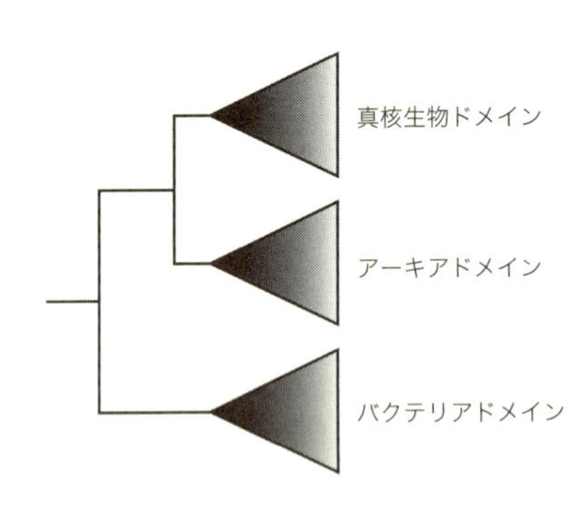

図1　生物の系統進化を表した系統樹である．地球上の生物は共通の祖先から（系統樹の左から右の方向へ）数十億年かけて進化し，多様化してきたのだ．すべての生物は3つの基本系統（ドメイン）に分けられている．バクテリア（細菌）ドメイン，アーキア（かつて「古細菌」とよばれたグループ）ドメイン，そして真核生物ドメインである．われわれの属する真核生物はバクテリアよりアーキアに近縁である．遺伝子の比較による研究から，真核生物はアーキアの一群から進化してきた可能性が示されており，「真核生物はアーキアの系統の1つであり，よってすべての生物はバクテリアとアーキアの2つのドメインに集約できる」という考え方もある．

れ，**界**より上位の分類階級である**ドメイン**で全生物を3つに区分するという**三ドメイン説**が広く認められるようになった．三ドメイン説は全生物をバクテリア，アーキア，そして真核生物（ユーカリア）の3つのドメインに分類されるという考え方であり（図1），1990年にアメリカの分子進化学者カール・ウーズにより提案されたものである．微生物学者が研究対象とする微生物はこれら3つのドメインのいずれにも属している．すべてのバクテリアとアーキアは顕微鏡の助けなしには見ることのできない小さな生物であり，また真核生物（ユーカリア）の中にもアメーバ，単細胞藻類である珪藻（けいそう）や渦鞭毛藻（うずべんもうそう），ミカヅキモのような単細胞緑藻などの微生物が数多く含まれている．

図2に原核生物であるバクテリアとアーキア，そして真核生物の細胞形態の違いを示した．原核生物の遺伝子は，原則として，細胞質の中にある1つの環状染色体上にまとめられている．そして，この環状染色体こそ原核生物のゲノム——機能的に完全な生育のために必要な遺伝情報をすべて含む染色体の一組——なのである．そして，微生物に限らず，すべての生物のゲノムは，タンパク質の情報が暗号化（コード化）された遺伝子とよばれる塩基配列，その遺伝子の発現を調節する配列，そして特定のタンパク質の情報を一切コード化していない非翻訳領域——すなわち，ジャンク（がらくた）DNA（今や，われわれはこのようなジャンクDNAが重要な生物学的役割を担っていることは知っているが）——により構成されている．

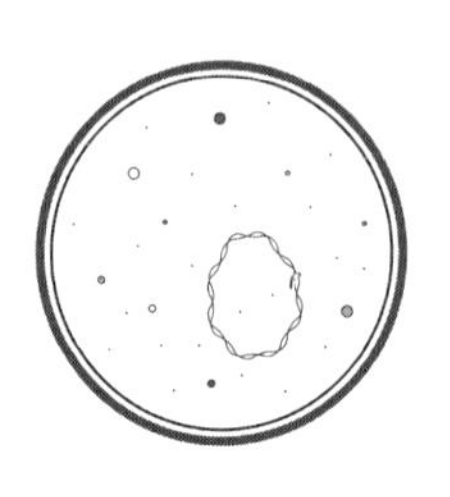

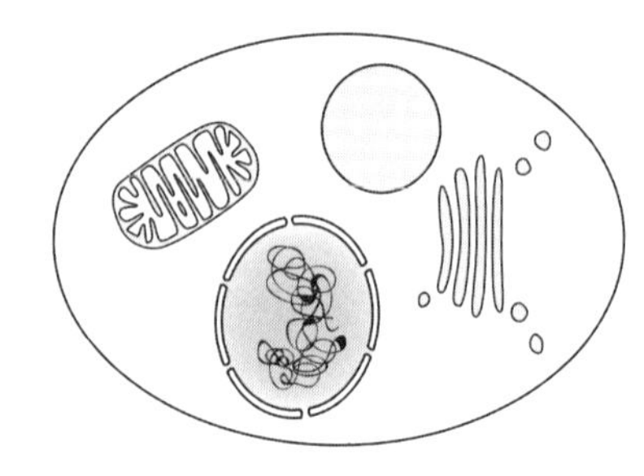

図２　原核生物と真核生物の細胞の模式図である．シンプルな細胞構造の原核生物（バクテリアとアーキア）に対し，真核生物の細胞は細胞内小器官を含む複雑な構造となっている．原核生物は１つの染色体を細胞質内に持つが，真核生物では複数の染色体が核膜で仕切られた核の中に存在している．

真核生物は，原核生物よりもさらに多くの遺伝情報を保持する傾向がある．真核生物のゲノムの大半は複数の染色体に分かれてコード化されていて，それらは核膜という原核生物にはない細胞内膜構造体の中に収納されている．また一部のDNA（遺伝情報）はミトコンドリアや葉緑体といった細胞内の小器官の中にも環状染色体として存在している．ミトコンドリアは呼吸によるエネルギー生産を担う細胞小器官であり，ほぼすべての真核生物の細胞内に見られる．一方，葉緑体は光合成を行う細胞小器官であり，植物や藻類の細胞中にある．双方の細胞小器官——ミトコンドリアと葉緑体——は，ともにバクテリアを起源とするものであり，生命進化の初期段階で，真核生物の祖先種がそれらを取り込んだと考えられている．このような真核生物細胞と細胞小器官の関係を細胞内共生とよぶ．

微生物の分類同定

パスツールの時代から，バクテリアの分類同定には細胞形態や代謝経路などの構造的・機能的性質の比較が用いられてきた．梅毒菌（トレポネーマ・パリダム *Treponema pallidum*：梅毒トレポネーマ）の細胞はコルク抜きのようならせん状の形態を持つ．このような細胞形態を持つバクテリアはスピロヘータというグループに分類されるが，その特殊な細胞形態ゆえに梅毒罹患者の組織標本中で容易に見つけ出すことができる（訳注：梅毒罹患者の脳組織の中にらせん状の細胞，すなわちトレポネーマを見つけたのは，かの野口英世である）．しかし，多くの場合，細胞形態は原核生物の分類においてはあまり頼りにすることはできない．なぜならきわめて多くの種のバクテリアやアーキアが桿菌（細長い棒状の細胞）の形態を持つことが知られていて，それらは顕微鏡下ではほぼ区別をつけることができないからだ．

バクテリアの分類同定指標として，グラム染色法がある．これはデンマークの細菌学者ハンス・グラムによって1884年に確立された染色法であり，これにより細胞壁の厚いバクテリアを紫色（これをグラム陽性という）に，細胞壁の薄いものは対比染色によりピンク色（グラム陰性）に染め分けることが可能となる．このグラム染色は病原菌を見分ける初期診断ツールとして有効であり，細菌検査用スワブで採取されたサンプルを染め分けることにより，可能性のある病原菌の絞り込みを行うことができる（たとえば，細菌性肺炎罹患者からの採取サンプルをグラム染色することにより，グラム陽性の肺炎球菌であるのか，グラム陰性のインフルエンザ菌ま

たは肺炎桿菌であるのかを簡便に知ることができる）．この
ように診断ツールとしての有効性はあるものの，種の同定と
いうことになると信頼できるとはいいがたい．原核生物の種
同定に関しては，グラム染色法を含む顕微鏡観察手法ではな
く遺伝学的手法へと大きくシフトしているのが現状である．
今日の発達した遺伝学的分類手法は系統進化の近縁度を正確
に反映しており，それに基づき正確な分類同定が可能となっ
たのだ．

分子系統解析として知られる系統進化的近縁度の判定は，
それぞれの種の DNA 配列の比較に基づいて行われている．
バクテリアやアーキアの場合，リボソームとよばれるタンパ
ク質の合成に携わる細胞内構造体をコードする遺伝子の一部
である **16 S リボソーム RNA 遺伝子**の配列が種同定に用い
られている．既存のバクテリアやアーキアの 16 S リボソー
ム RNA 遺伝子配列はすべてデータベース化されており，未
知のものの配列をそれと比較することにより，その配列の相
同性から，類縁関係が明らかとなるのだ．確かに 16 S リボ
ソーム RNA 遺伝子配列の比較のみで種同定が完璧に行える
わけではないが，それは環境中から新たに分離されたバクテ
リアやアーキアの同定や分類を簡単に行うことができる便利
な手段といえる．

16 S リボソーム RNA 遺伝子配列の比較に基づいて，図 3
に示すような系統樹を描くことができる．系統樹を見れば，
それぞれの種の系統進化的関係や分類群同士の関連を直感的
に理解できるだろう．それぞれの種を表す系統樹上の各枝が

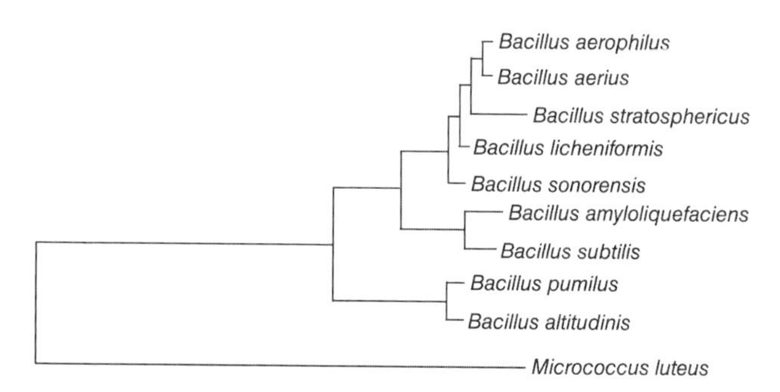

図3　リボソームRNA遺伝子配列に基づく系統樹により，バチルス（Bacillus）属の種の類縁関係が示されている（分岐が近いもの同士が，より近縁な関係である）．類縁関係だけでなく，種分化の進化過程が明瞭になるよう，バチルス属以外のバクテリア（*Micrococcus luteus*）が加えられている．

近ければ（近くで分岐していれば）それらは近縁であり，逆に離れていれば遠縁である．また，系統樹上で密集している種の一群は分類上も同一の分類群を形成すると考えてよい．また，16 S リボソーム RNA 遺伝子以外の遺伝子が同種内の細分類に用いられている．種以下の亜種や株（微生物学では，同一系統で維持される培養物を**株**とよぶ）を見分けるためには 16 S リボソーム RNA 遺伝子よりも進化速度の速い DNA ジャイレース遺伝子などの配列比較が必要となる．進化速度の速い遺伝子は配列の置換頻度も大きいので配列比較の際の解像度を上げることができるからだ．また，最近は全ゲノムを対象とした配列比較も行われるようになり，それによって全原核生物の系統学的関係のみならず，その進化過程を考えるうえでの重要な知見が次々に見つかってきている．

バクテリアの分類学者たちは，すでに1万1000種を超えるバクテリアを分離培養し，分類し，目録に載せている．しかし，これらの目録に偏りがないわけではなく，疫学的に重要なものや培養が容易なものが，そのリストの多くの部分を占めているのは事実である．分離培養をすることなく，環境中の遺伝子を直接分析し，バクテリアの多様性を解明する研究が精力的に行われていて，それらの結果，環境中にはいまだ分離培養されていないバクテリアが多数存在していることが明らかとなってきている．一さじの土の中には信じられないほどに多種多様な未知微生物が存在し，人間のへその中には2368種類のバクテリアが生息している（！）のがわかってきているのだ．つまり，数十億種またはそれ以上のバクテリアが地球上にいるといっても過言ではないのである．バクテリア（ばかりではなく，微生物全体）の種数が過小評価されているという事実は，生物多様性を客観的に評価していくにあたっての，重要なテーマの1つなのだ．

現時点（2015年時点）で，バクテリアにおいては30の門が提案されている（門は，ドメイン直下の最高分類階級）．これらバクテリアの門の中で，最も大きなものの1つがプロテオバクテリア門である．プロテオバクテリア門は多種多様なバクテリアが含まれており，バクテリアが取り得るほぼすべての細胞形態とエネルギー獲得様式が混じりあって存在している．腸内細菌である大腸菌（エスケリキア・コリ *Escherichia coli*）は遺伝子操作実験のモデル微生物として1940年代から現在まで盛んに用いられてきているが，これもプロテオバクテリア門に属している．また，腸チフスを引き起こすサルモネラ・エンテリカ *Salmonella enterica* やコレラ菌（ビブリオ・コレラエ *Vibrio cholerae*）などの病原性バクテリアもこの門に含まれる．さらには，マメ科植物の根に寄生して窒素固定を行うバクテリア（リゾビウムなど），酸素発生を伴わない古いタイプの光合成をする紅色光合成細菌（ロドシュードモナスやロドバクターなど），ストークとよばれる茎上の突起物を有する特殊な形態のバクテリア（カウロバクターなど），そして細胞性粘菌（キイロタマホコリカビなど：タマホコロカビ科に属するカビの仲間）のように集まって大きな子実体をつくり，集団で移動するミクソバクテリアもまた，プロテオバクテリア門のメンバーである．

プロテオバクテリアに属するものはすべてグラム陰性であり，その細胞は二重に細胞膜で囲まれている（2つの細胞膜はそれぞれ内膜と外膜とよばれる）．また，その二重の細胞膜の間に比較的薄い細胞壁がある．バクテリアの細胞壁はペプチドグリカンとよばれる高分子である．ペプチドグリカンは，*N*-アセチルグルコサミンと *N*-アセチルムラミン酸という2種類のアミノ糖が交互にくり返されたものが基本骨格となっており，それらがたがいに短いペプチド鎖（4，5個のアミノ酸が結合したもの）で架橋されることにより強固な構造体となっている．これがバクテリアの細胞の形を支える"骨格"である．ヒトの涙や鼻汁，母乳にも含まれるリゾチームという酵素は抗菌作用を持っているが，それはこのペプチドグリカンのアミノ糖の結合を断ち切ることにより，溶菌（バクテリアを溶かす）することによる．また，抗生物質であるペニシリンもこのペプチドグリカンの合成を阻害することにより，抗菌作用を示している．

バクテリアの多様性

プロテオバクテリア門に属するものをはじめとするグラム陰性バクテリアに比べ，グラム陽性バクテリアは厚い細胞壁を持っている．ファーミキューテス門に属するクロストリジウム（ボツリヌス菌や破傷風菌がこの仲間）やバチルス（炭疽菌だけでなく，納豆菌もこの仲間）も厚い細胞壁を持つグラム陽性バクテリアである．これらのバクテリアはさらに厚い細胞壁様ペプチドグリカンで覆われた内生胞子（芽胞ともよばれる）をつくり出す能力を持っている．内生胞子はさらにタンパク質で密に覆われており，熱や乾燥のみならず消毒薬に対しても強い耐性を示す．これらグラム陽性バクテリアは厚い細胞壁を持つ代わりに，グラム陰性バクテリアに特徴的に見られる細胞外膜を失っている．

ファーミキューテス門に近縁なテネリキューテス門に属するモリクキューテス綱（綱は門の直下の分類階級）のバクテリアはグラム陽性のものに系統的に近いにもかかわらず，細胞壁を欠いている．モリクテス綱は，ヒトに肺炎を引き起こすマイコプラズマなど病原性を持つものを含んでいる．マイコプラズマは細胞壁を持たないため，前述の溶菌酵素であるリゾチームや細胞壁合成阻害作用のあるペニシリンなどの抗生物質がまったく効かない（タンパク質合成阻害などのほかの抗生物質の投与は十分な効果を発揮する）．また，マイコプラズマの細胞は直径が 0.2 μm である．これは一般的な細胞壁を持つバクテリア（グラム陰性・陽性にかかわらず）の細胞直径が1 μm程度であるのに比較して極端に小さいことがわかるだろう．実際，マイコプラズマは最小のバクテリアといわれて久しい．余談だが，最大のバクテリアに関しても報告例はある．ナミビアの海洋堆積物から発見された，チオマルガリータ・ナミビエンシス *Thiomargarita namibiensis* という球菌の直径は最大で750 μm（＝0.75 mm）に達するという．

グラム陽性バクテリアのもう1つの大きな門であるアクチノバクテリア門は結核菌（マイコバクテリウム・ツベルクロシス *Mycobacterium tuberculosis*）やハンセン病の病原菌（マイコバクテリウム・レプラエ *Mycobacterium leprae*）を含んでいるが，その中には繊維状多細胞の形態をとるものが多く存在している．ストレプトマイシンやテトラサイクリンなどの抗生物質を生産することが知られているストレプトミセスの仲間は繊維状の細胞形態を示し，そのコロニー（寒天平板培地上に形成される細胞塊）はカビのように中空にまで菌糸（気菌糸）を伸ばし，胞子嚢を形成するものまである．多細胞繊維状の細胞形態はグラム陰性のクロロフレキシ門の中にも多く見られる，酸素非発生型光合成細菌であるクロロフレクサス，ロゼイフレクサス，オシロクロリスだけでなく，嫌気性（無酸素条件下で生きる）の発酵細菌であるアナエロリネア，カルディリネアもその形態はすべて分岐のない多細胞繊維状である．また，クロロフレキシ門のクテドノバクター綱の中にはカビのように気菌糸と胞子を形成するもの（クテ

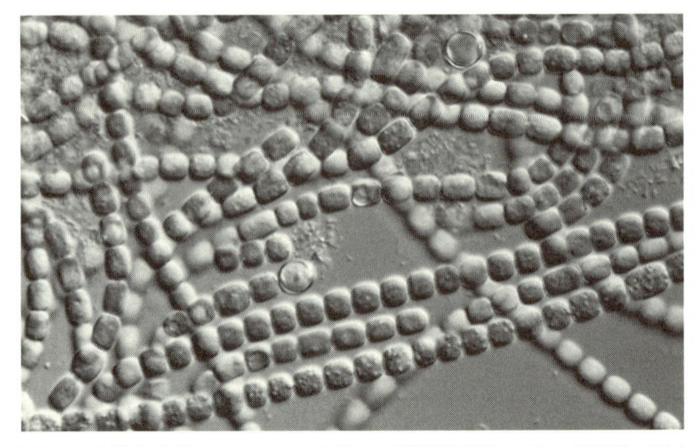

図4　多細胞糸状性のシアノバクテリアの顕微鏡写真である．細胞壁の厚く見える角の丸い細胞がヘテロシスト（異形細胞）とよばれるもので，ここで窒素固定が行われている．光合成をする真核生物が持つ葉緑体は，10億年以上前に真核生物の祖先が飲み込んだシアノバクテリアが進化したものだ．

ドノバクターやサーモスポロスリックスなど）が存在する．また，多細胞繊維状という細胞形態は，酸素発生型光合成細菌のみで構成されるシアノバクテリア門の中でも頻繁に見られる（図4）．海洋性のシアノバクテリアが行う光合成は地球全体の二酸化炭素の固定（吸収）の主要なものであるとされている．この炭酸固定（大気中の二酸化炭素を吸収し有機物を合成すること）だけではなく，シアノバクテリアは大気中の窒素を取り込んでアンモニアを生成し，アミノ酸を合成することもできる．これが地球規模での窒素循環に果たす役割は大きいと考えられる．このような大気中窒素の取り込みを窒素固定とよぶが，この能力はシアノバクテリア以外のさまざまなバクテリアやアーキアにも見られる（マメ科植物の根に寄生する根粒菌など）．シアノバクテリアは，岩の上や樹皮上などに着生する見かけがコケに似た地衣類の主要構成者の１つであることも知られている．地衣類は真菌類とシアノバクテリア（または緑藻）とが共生したものである．真菌類が菌糸を発達させることによってシアノバクテリアに生育する場を与え，そして，シアノバクテリアは光合成産物を真菌類に与えるという関係が成立している．このようなたがいに利益のある共生関係を相利共生とよぶ．

細菌門の正式名称はいまだ定まってはいないが，デイノコッカス–サーマスのグループは門として認識されている．この門に含まれているのは放射線や熱に耐性を持つ特殊なバクテリアである．5 Gy（グレイ）の吸収線量（1 kg あたり 5 J のエネルギーを照射されたに等しい）ですら，放射線は人体には死亡を含む重篤な影響を与える．しかし，この門に属するデイノコッカス・ラディオデュランス *Deinococcus radiodurans* は1万 5000 Gy の吸収線量を照射されても死滅せず，“コナン・ザ・バクテリア”（ロバート・E・ハワードの『英雄コナン』に登場する無敵の戦士“コナン・ザ・バーバリアン”のもじり）ともよばれていた．また，これと系統的に近縁なサーマス・アクアティカス *Thermus aquaticus* は有数の温泉噴出地帯であるアメリカ・イエローストーン国立公園にある70 ℃の温泉で 1960 年代に発見された好熱性（高温でのみ生育する）のバクテリアである．この好熱菌が持っていた酵素こそ *Taq* ポリメラーゼであり，DNA 断片を増幅するための PCR（ポリメラーゼ連続反応）に重要な役割を果たした酵素のオリジナルなのである（*Taq* とはサーマス・アクアティカスの属名と種小名の頭文字 “T” と “aq” を組み合わせたものである）．高温条件下で DNA を複製できるという *Taq* ポリメラーゼの特性が，分子遺伝学研究に革命を起こし，犯罪捜査に科学的根拠を与え，さまざまな医薬品の開発に多大な貢献を果たしたことは揺るぎない事実である．

数多くのバクテリアが運動能を持っている．べん毛（訳注：バクテリアのものは原生生物の鞭毛とは構造が異なるため「べん毛」と表記される）を回転させることにより，自らを押したり，逆に引っ張ることにより水の中を動き回るのだ．バクテリアのべん毛はまさに生物の進化がつくり上げた驚異の装置である（図 5）．バクテリアのべん毛繊維はフラジェリンとよばれる 30〜60 kDa の分子量の小さなタンパク質のユニットが多数重合することにより形づくられた 20 nm の直径を持った中空のチューブである．これがフックとよばれる屈曲部を介してべん毛の基部体に結合している．基部体は，（グラム陰性バクテリアであれば）外膜からペプチドグリカン層を貫き細胞内膜に至る，いくつかのリング状タンパク質とロッドとよばれる軸状構造体によって構成されている．細胞外膜と内膜間に回転モーターがあるが，そのトルク発生には Mot タンパク質を含むそのほかのタンパク質が必須である．これらのタンパク質がプロトン（水素イオン）のチャネル（透過経路）としてはたらき，プロトンの通過によって引き起こされた Mot タンパク質の構造変化がモーターに回転トルクを与えるのだ．細胞膜の内外にはプロトン濃度の勾配が生じており（生存のためのエネルギーである

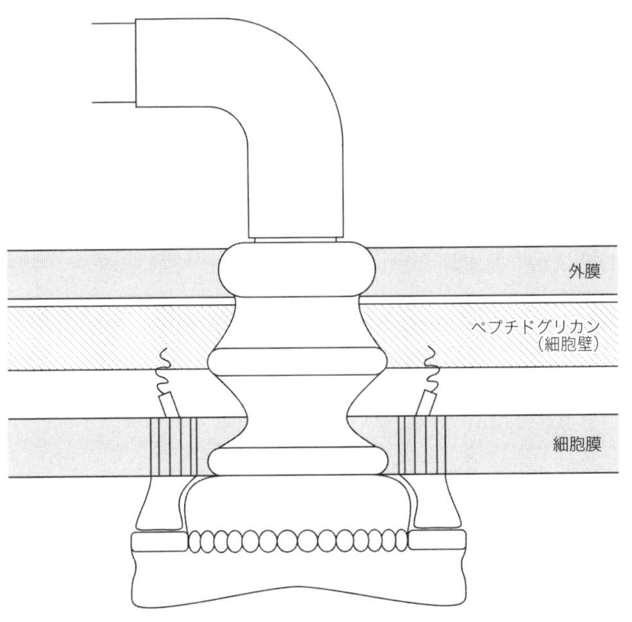

図5　グラム陰性バクテリアのべん毛は複雑な構造を持っている．タンパク質でできたリング状またはロッド状の構造体が細胞質（細胞内部）から，細胞膜，ペプチドグリカン層（細胞壁），外膜まで貫通している．細胞壁ともつながる細胞膜タンパク質がモーターとなり，べん毛を毎秒100回の速度で回転させるのだ．

ATPもこの濃度勾配を利用してつくられる)，その電気化学的ポテンシャルがべん毛の回転エネルギーに変換されるわけである．わずか30種類程度のタンパク質で構成されるナノスケールの電気モーターが，1分間に100回転以上のべん毛の回転を駆動しているのだ．

たった1本のべん毛で泳ぐ緑膿菌（りょくのうきん）（シュードモナス・アエルジノーサ *Pseudomonas aeruginosa*）のようなバクテリア

もいる（これを極毛性という）が，複数のべん毛を細胞の片端または両端に持つもの（それぞれ叢毛性と両毛性），そして多数のべん毛を細胞表面に配するもの（周毛性）も存在している．バクテリアはその大きさがあまりにも小さいため，微小空間の水の粘度は高くなっており，慣性もはたらかない．べん毛を回転させることにより，あたかもコルク抜きをねじ込んでいくかのように粘度の高い水の中を進んでいるのだ．べん毛を用いたバクテリアの典型的な遊泳速度は1秒間に25 μmである．生物の大きさを勘案するとこの速度はサバンナを走るチーターのトップスピードに匹敵する．

多細胞繊維状のバクテリア（シアノバクテリアやクロロフレキシ）やミクソバクテリアもまた運動性を示すが，べん毛は持っていない．それらはべん毛運動とは異なる滑走運動という方法で動いている．滑走運動とは固体または寒天表面などの半固体表面を滑るように移動するものであり，粘液の押し出しや特殊な表面タンパク質の伸長，または未知の運動機序に基づく運動とされる．

もう1つの原核生物――アーキア

1万種を超えるバクテリアが存在する一方で，原核生物のもう1つのドメインであるアーキアではいまだ400種以下の記載しかない．これはこのドメインの多様性が低いということを必ずしも示しているわけではない．バクテリアに比べ，アーキアは特殊な環境に生息しており，その分離培養が容易ではないことによるのだろう．このような種数の少なさゆえか，門の数もバクテリアに比べて少なく，ユーリアーキオータ，クレンアーキオータ，そしてタウムアーキオータの3門しかない（これらすべての門は純粋分離された菌株を含んでおり，その性状に基づき提案されたものである．これ以外いくつかの門——コルアーキオータやアイグアーキオータ，ナノアーキオータ，ロキアーキオータなど——が提案されている．しかし，これらの門においてはいまだ純粋分離菌株が得られておらず，門として認められるためにはより一層の研究の進展が求められている）．

先にも述べたが，これらアーキアは極限環境とよばれる特殊な状況下で発見されることが多い．ここでいう極限環境とは高温の温泉，海底熱水噴出孔，塩田・塩湖などの高塩濃度環境，さらには高い酸性または強アルカリ性の環境などを指す．そのような極限環境だけではなく，アーキアは一般的な海洋にも見られる．タウムアーキオータに属するアーキアが海洋に数多く存在することがわかっている．これらはアンモニアを酸化して亜硝酸をつくる——いわゆる硝化——を行うことも知られており，これらの膨大な存在量から考えて，地球規模での窒素循環の中心的な役割を担っていることが示唆されている．

アーキアは多彩な代謝経路を持っており，酸化的環境（好気環境）だけでなく無酸素環境（嫌気環境）にも存在している．また，有機物に依存した生育（従属栄養）ではなく水素や硫黄という無機物をエネルギー源として生きるものもいる．アーキアに特有な代謝経路としてメタン生成が挙げられる．メタン生成アーキアは二酸化炭素と水素を用いてメタンガスをつくり出すことによって生存のためのエネルギーを得ている．このようなメタン生成アーキアは反芻動物のルーメン（第一胃）やシロアリの腸管内の微生物生態系の重要な構成菌の１つであると考えられている．また，メタン生成アーキアは人間の腸内にも存在することがあり（3人に１人の割合でメタン生成アーキアがいるとの報告がある），その場合は，おならの中に可燃性のメタンガスが含まれることになる．

一方，バクテリアと異なり，アーキアの中にはクロロフィル型の光合成を行うものは見つかっていない．しかし，塩田や塩湖などの超高塩濃度環境に生息する好塩性アーキア（ハロバクテリアなど）はレチナール色素を含むバクテリオロドプシンという光駆動型のイオンポンプを持っており，光によって生存のエネルギー（ATP）をつくり出すことができる．

バクテリアと同様に，アーキアの形態も小さな細胞であり，それらのゲノムはおおむね１つの環状染色体にコードされている．ただし，細胞壁の構造はバクテリアと異なっており，ペプチドグリカンや外膜などは見当たらない．最も一般的な細胞壁構造はＳ層とよばれるものである（Ｓは表面――surface――の頭文字）．Ｓ層はタンパク質または糖タンパク質が結合したものであり，電子顕微鏡下ではタイル張りの床のように見える．

ある種のメタン生成アーキアにはシュードムレインとよばれる細胞壁を持つものがいる．ムレインとはバクテリアが持つペプチドグリカンの異名であり，シュードとは“偽の”または“〜もどき”という意味である．シュードムレインという言葉が示すとおり，それはバクテリアのペプチドグリカン同様アミノ糖とペプチドの重合体ではあるが，ムラミン酸（細菌の細胞壁に存在する糖の一種）を一切含んでおらず，バクテリアのそれと異なるものである．

このような細胞壁（細胞の骨格にあたる）により形づくられる細胞形態は，基本的に桿状（棒状）か，球状や長い糸状である．しかし，ある種の好塩性アーキアでは，平らな四角形やおにぎりのような三角形など特殊な細胞形態を持つものがいるとの報告がある（訳注：このような特殊な形状は電子顕微鏡観察の処理でできたアーティファクト〔人為構造〕ではないかとの指摘もある）．また，酸性高温環境に生息するサーモプラズマやフェロプラズマは細胞壁を欠くアーキアであり，不定形の細胞形態を持つ．このような細胞壁を欠くアーキアの中には細胞直径が 0.2 μm しかない小型のものも含まれており，細胞壁を欠くバクテリアのマイコプラズマと類似性がある．また，アーキアの中にもバクテリアと同様にべん毛によって運動するものがあるが，アーキアに見られるべん毛はバクテリアのものよりも細く，構成するタンパク質（バクテリアではフラジェリン）も完全に異なっている．

バクテリアもアーキアも，それらのゲノムサイズは真核生物のそれと比べて明らかに小さい．大腸菌（K-12 株）のゲノムサイズは 4.6 Mbp（メガ塩基対：bp はベースペア，つまり DNA の塩基対の数であり，ゲノムの大きさの単位として用いられる．「4.6 Mbp」とは460万塩基対の大きさを持っていることを示している）であり，そこに約4000個の遺伝子が乗っている．これはヒトのゲノムの1/500程度の大きさで，コードされている遺伝子数も1/6ほどにあたる．バクテリアで一番大きなゲノムサイズを持つのはプロテオバクテリア門の粘液細菌ミクソバクテリアに属するソランジウム・セルロサム *Sorangium cellulosum* で15 Mbp，コードされている遺伝子数は1万個を超える．なお，ゲノムサイズは若干小さいが，クロロフレキシ門に属する胞子形成能を有する好熱性放線菌様細菌（クテドノバクター・ラケミファー）がコードする遺伝子は1万1000個以上である．これら粘液細菌や放線菌様細菌のゲノムサイズが大きいのはそれらの複雑な生活環によるものと考えられる．前者は真核生物の細胞性粘菌のように子実体形成など多細胞的な行動をとるバクテリアであり，後者もまたカビのように菌糸を伸ばし胞子嚢をつくるバクテリアである．

一方，バクテリアの中で最小のゲノムサイズを持つものは昆虫のセミに共生するホジキニア・シカディコラ *Candidatus* Hodgkinia cicadicola である（*Candidatus* は暫定的な学名を表す）．そのサイズはたったの0.11 Mbpしかなく，大腸菌の1/40程度の大きさである．アーキアのゲノムサイズは0.5（ナノアーケアム）～5.7 Mbp（メタン生成アーキア：メタノサルシナ）であり，コードされている遺伝子数は500～4500個程度である．

真核微生物の分類体系

バクテリアやアーキアが持つ多様な代謝機構は，微小な真核生物には見られない．そもそも真核生物の生活様式は原核生物に比べてバリエーションが小さいのである．藻類（と植物）はシアノバクテリアが行っているのと同等な光合成によって有機物を生産し，そのほかの真核生物はその生産物を使って生育し，またはその生育したものを捕食し，またあるものはその排せつ物に消化して生きるのみだ．代謝機構に大きな違いは見られないが，真核生物の多様性は，遺伝子レベルでの解析のみならず，驚くべきほど多彩な形態学的な構造上の特質によって評価することができる．図6に示したの

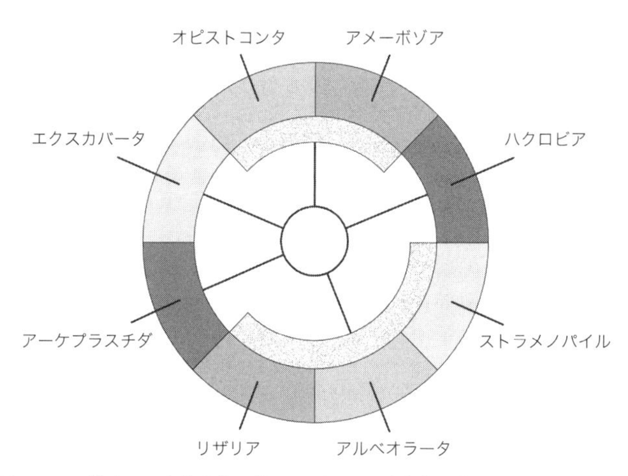

図6　この模式図は真核生物の輪とよばれる．車輪状の外周に沿って配置された8つのスーパーグループが何本かのスポークで中心軸につながれているが，この中心軸はすべての真核生物の共通祖先を表している．弓形で内側をつないだものは，共通の性質を持ち，たがいに近縁であるスーパーグループ（たとえば，オピストコンタとアメーボゾア）である．

は，真核生物を大きく8つのスーパーグループ（高次分類群）に分けたものである．これら8つのスーパーグループすべてに微小な単細胞生物が含まれており，うち5つは微生物だけで構成されたスーパーグループである．

1. アメーボゾア

アメーボゾアは湖沼にすむ代表的な単細胞生物であるアメーバ（アメーバ・プロテウス *Amoeba proteus*）を含むスーパーグループである．アメーバ・プロテウスは細胞の一端で指のような仮足を伸ばし，後方の細胞質を縮めることによって移動し，ファゴサイトーシス（貪食作用）により周囲のバクテリアなどの微生物を飲み込んで捕食する．ファゴサイトーシスは，バクテリアを含む外部の微粒子を細胞膜で包み込むようにして細胞内に取り込む真核生物細胞特有の作用である．細胞内の小胞に封じ込められた捕食物は酵素によって消化される．このファゴサイトーシスという食作用はヒトの免疫システムでも用いられている．マクロファージとよばれる食細胞は，ファゴサイトーシスによって細菌やウイルスなどの病原体を捕食する．

アメーバ運動することで知られている変形菌（モジホコリカビ *Physarum polycephalum* など）もこのアメーボゾアに属しており，同様にアメーバ様の形態をとることもある細胞性粘菌（キイロタマホコリカビなど）もこのグループに分類されている．なお，変形菌も細胞性粘菌もキノコのように子実体をつくり，胞子を形成する生物である．

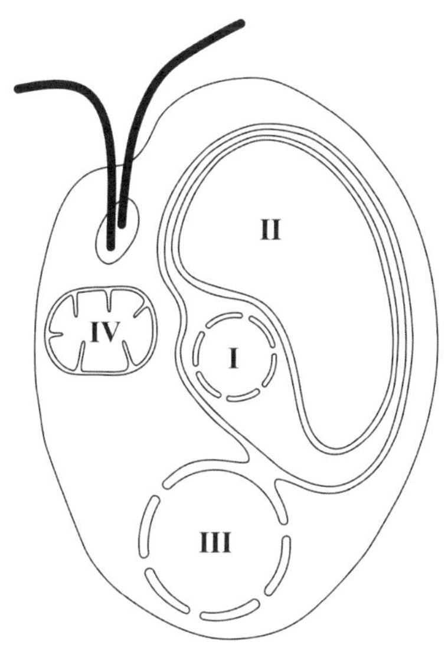

図 7　クリプト藻は，紅藻をアメーバ様単細胞生物が体内に取り込むことによってできた．取り込まれた紅藻の染色体の残骸（I）が葉緑体の中に残っていることがその証拠だ．この染色体の残骸をヌクレオモルフとよぶが，クリプト藻の中にはこれを含めて４つの染色体がある．そもそも紅藻が持っていた葉緑体の染色体（II），クリプト藻自身の核内染色体（III），そしてクリプト藻のミトコンドリア染色体（IV）である．

2. ハクロビア

ハクロビアはクリプト藻を含むスーパーグループである．クリプト藻はその細胞内に 4 つの独立したゲノムを持つ（図 7）．これはクリプト藻の祖先がファゴサイトーシスにより紅藻（光合成をする藻類の 1 つで，その葉緑体はクロロフィル b を欠き，光合成色素としてクロロフィル a とフィコビリンを有する）を取り込み，取り込まれた紅藻が消化に耐えて部分的に残存した結果であると考えられており，内部共生の進化機構の興味深い一例といえる．クリプト藻の葉緑体はヌクレオモルフとよばれる構造体を持っており，これはファゴサイトーシスにより取り込まれた紅藻の核の残骸である（I）．これに加えて，シアノバクテリア起源の環状染色体も含まれている（II）．このシアノバクテリア起源の染色体は，取り込まれた紅藻がもともと持っていた葉緑体のものである．幾百万年の時を経て，真核生物がシアノバクテリアを取り込み，それを葉緑体とし，そのキメラ細胞（紅藻）がほかの核（III）を持った真核生物にふたたび取り込まれ，それがふたたび新たなる宿主の中でその葉緑体となったのである．クリプト藻の細胞内にある4番目のゲノムはミトコンドリアの中に含まれている（IV）．このミトコンドリア染色体もまた，すべての真核生物の祖先がかつて取り込んだバクテリアに由来するものである．

3. ストラメノパイル，アルベオラータ，リザリア

ストラメノパイルに属する微細藻類としてケイ酸質の被殻に覆われた珪藻がある．海洋には膨大な数の珪藻がいて，海洋性シアノバクテリアとともに大量の二酸化炭素を固定し，同時に大気中に酸素を放出している．その炭酸固定量と酸素発生量は陸上植物全体が行う量に匹敵するといわれている．

卵菌もまたこのスーパーグループに含まれている．卵菌は原生生物の1つであるが真菌類に似た特徴を持ち，菌糸形成を行い，それを動植物遺体内に伸ばして養分を吸収する．また，遊走子とよばれる遊泳細胞をつくり出す．卵菌の仲間であるフィトフトラ・インフェスタンス *Phytophthora infestans*

は日本語で「疫病菌」と称される植物寄生性病原体である．1940年代にアイルランドでジャガイモの胴枯れ病を引き起こし，飢饉により甚大な被害を引き起こした．なお，葉状体を50 mの長さにまで伸ばすというジャイアントケルプはストラメノパイルに分類された最大の藻類である．

ストラメノパイルに近縁なスーパーグループとして，アルベオラータとリザリアがある．アルベオラータは原生生物の中でも主要な系統とされており，光合成および非光合成の渦鞭毛藻（ヤコウチュウやギムノディニウムなど赤潮や貝毒の原因になるものも含まれる），ゾウリムシなどの繊毛虫が属している．赤血球に寄生してマラリアを引き起こすマラリア原虫もこのグループに分類される．リザリアは，海洋プランクトンとして頻繁に観察される放散虫や海洋ベントス（底生生物）の有孔虫を含んでいる．

4. アーケプラスチダ，エクスカバータ

多くの緑藻は微生物として認識されており，同様の光合成色素を持つ陸上植物とともにアーケプラスチダに属している．微小緑藻の中には，湖沼に生息するクラミドモナスなどの単細胞鞭毛虫，優雅な星形のチリモ，群体を形成するボルボックス（オオヒゲマワリ）などがある．

エクスカバータはユーグレナ（ミドリムシ）を含むスーパーグループであるが，ジラルディアやトリコモナスなどのミトコンドリアを欠く寄生性の原生生物もこのグループに属している．

5. オピストコンタ

オピストコンタは襟鞭毛虫から真菌類や動物全体を含む巨大なスーパーグループである．見た目に共通点がないだけに，単細胞生物である襟鞭毛虫，そしてカビやキノコ，酵母の類とわれわれヒトを含む動物が単系統であるとはにわかには信じがたいが，遺伝学的解析からそれは否定しがたい事実であるとされている．このスーパーグループの共通の特徴は，鞭毛細胞の形成であり，かつそれが細胞の後ろ側に付いた1本の鞭毛で遊泳することである．水生の真菌類が1本の鞭毛を持った遊走子をつくり出すように，真菌類のすべてが，そしてわれわれを含む動物すべてが1本の鞭毛を持った細胞をつくる――遊走する配偶子すなわち精子である．

真菌類の中には酵母のように出芽で増える微生物やカビのように菌糸を伸ばして領土拡大を図るものもいる．また，水生の生物だけではなく，真菌類は陸上にも進出してきている．キノコなどの担子菌は地下で菌糸を発達させ栄養吸収を行うが，時として地上部に胞子形成のために子実体を形成し，その胞子を周囲に散布する．真菌類の大部分がこのような肉眼で見える構造体をつくるわけではないが，コロニー表面で胞子形成を行って，それを拡散する．真菌類だけでも7万種を超える種が記述されており，このスーパーグループの種の総数は100万種を下回ることはないだろう．

スーパーグループの視点から明確に導き出されたのは，われわれを含む動物やわれわれが日々目にする植物など“大きな多細胞真核生物”の系統学的多様性が思うほど大きくはないということであった．そもそも動物でも植物においても，目に見える大きさを持つものは例外的で，生物圏の中では肉眼で確認することが難しい微生物のほうが数で勝っているのである．動物でいえば，ミジンコなどの浮遊型甲殻類やワムシに代表される輪形動物，ダニなどが微生物またはそれに近い微小な生物にあたる．真核生物のスーパーグループはそれらの持つDNA配列の厳密な比較に基づいて提案されたものである．すべての生物に含まれている熱ショックタンパク質(Hsp）遺伝子など進化速度の比較的遅いものが全真核生物(のみならず生物全体）の系統分類学的関係を明らかにするのに用いられてきた．分子系統解析にはHspのほかに，アクチンやβチューブリン遺伝子，そしてESTというRNAの末端にある配列なども使われている．また，進化的な距離が近い真核生物をより詳細に比較するために，バクテリアやアーキアの系統解析指標であるリボソームRNA遺伝子間に存在するスペーサー領域（RNAには転写されるが，転写後すぐに切り捨てられる配列領域）が利用される．ITSまたはETSとよばれる配列領域であるが，リボソームRNA遺伝子のような機能を持たないため，配列の進化速度が速く，より解像度の高い系統解析が可能となる．

さまざまな遺伝子や遺伝子間の非翻訳領域の配列を用いた解析から，8つのスーパーグループのより詳細な関係が明らかになってきている．オピストコンタとアメーボゾアは同じ祖先を共有していることがわかり，ストラメノパイルとアルベオラータ，そしてリザリアもまた単系統をなすことが示唆されている（それら3つの頭文字を取ってSARスーパーグループという高次分類群も提案されている）．そして，残り3つのスーパーグループ（ハクロビア，アーケプラスチダ，エクスカバータ）はそれぞれ独立した祖先種から進化してきたとされている．

分子進化学的研究に価値があるだけでなく，真核生物のリボソーム RNA 遺伝子配列は環境中の微生物多様性を評価するのにも役立っている．原核生物と同様に，環境中にはたくさんの数の未培養真核微生物が存在しており，顕微鏡下でのそれらの種同定も容易ではない．また，環境サンプルの遺伝学的解析から，驚くほど多様な微生物の存在が示されている今，旧来の生物多様性調査が動物やカビ，植物に偏っていたことは明白である．分離培養に依存しない遺伝子増幅による多様性解析が，土壌や海水，淡水，さらには塩素消毒された水道水までを対象として包括的に行われた．その結果が，2011 年に発表された真菌類における新門の発見につながったのである．遺伝的多様性解析に基づいて発見された新門はクリプトミコータと名づけられた．キチンを主成分とする細胞壁を持つことが真菌類の特徴でもあるが，クリプトミコータはキチンを欠く単細胞性の生物である．このように真菌類の多様性もまた，かつて知られていたもの以上に大きかったのである．

代謝的な多様性こそ低いが，真核生物の形態は非常に多様である．アメーボゾアの中には有殻アメーバというつぼ型や皿型など特徴的な形の殻を持つものがいる．殻はキチン質や石灰質の分泌物と砂粒などからつくられ，その形は種によって多種多様である．珪藻は多彩な形態を示す被殻とよばれるケイ酸質の殻を持つ．真菌類の細胞壁はキチンの微小繊維を含んでいて丈夫なので，さまざまな外観に自らをデザインすることができる．

真核生物は細胞内の構造も原核生物に比べ複雑である．細胞内に染色体を核膜で包んだ構造体である**核**があるだけでなく，小胞体，ゴルジ体など複雑な膜構造体を持っている．また，エネルギー生産のためのミトコンドリアやリソソーム，液胞など細胞内小器官（オルガネラ）が含まれている．

真核生物の鞭毛は原核生物のそれよりも少し複雑な構造を持つ．鞭毛の表面は細胞膜であり，その中に微小管という繊維構造が配置されている．微小管同士が滑り合うことによって鞭毛の屈曲が起きる．微小管同士の動きを駆動しているのはダイニンというタンパク質分子モーターである．鞭毛微小管の根元は細胞質内の微小管とアクチンフィラメントからなる細胞骨格に結合している．この細胞骨格は細胞の形態維持を担っているばかりではなく，生育や染色体の移動制御，細胞分裂にも関与している．また，内膜システムの変形や配置も調節しており，細胞外への分泌，細胞外からの物質の取り込みにも寄与している．

一般的に真核生物細胞はバクテリアやアーキアのものに比べ大きく，10〜100 μm の直径を持つ．ゆえに，これらの細胞は低倍率の顕微鏡下でも観察可能である．しかし，このような低倍率ではバクテリアは背景のもやのようにしか見ることはできない．バクテリアやアーキアを研究している微生物学者は，100倍の対物レンズに10倍の接眼レンズを組み合わせ，細胞数の計数や，運動性の観察，グラム染色の結果の記録を行っている．1000倍の総合倍率であれば，細胞内の構造まで見ることはできないが，直径1 μm程度のバクテリアの細胞形態については十分に観察可能である．

ただし，マイコプラズマは直径200 nm（= 0.2 μm）の小さな細胞を形成することが知られており，これは光学顕微鏡の分解能（離れた点を2点として近くできる最小の距離）の限界に等しく，観察するのは難しい．

ウイルスもまた小さな粒子で，それらの直径の範囲も20～600 nmである．よって，大半のウイルスは光学顕微鏡では見ることができない．このような場合の観察には，光よりもさらに短い波長の電子線を使った電子顕微鏡を用いる．電子顕微鏡の分解能は0.1 nm（光学顕微鏡の2000倍の解像度）であり，微小なウイルス粒子も詳細に観察することができるのだ．

遺伝情報を持つ粒子――ウイルス

ウイルスは細胞を構成単位としていない核酸を含んだ小さな粒子であり，単独では増殖できず，自己複製するためにはほかの細胞に感染する必要がある．初期感染過程以外は，ウイルスのすべての生物学的活動は宿主（感染先の細胞）内で起きる．ウイルスのことを，細胞を構成単位とする原核生物や真核生物すなわち細胞生物の対義語として，**分子生物**とよぶ研究者もいる．

図８　エンベロープ・ウイルスの模式図である．一番外側を糖タンパク質の鋲を付けた脂質二重膜（エンベロープ）が取り囲み，その内側にタンパク質でできた殻（カプシド）がある．ゲノムはDNAかRNA鎖にコードされて，カプシドの中に存在している．

ウイルスの遺伝子はDNAまたはRNAとしてカプシドとよばれるタンパク質の殻の中に存在する（図8）．ウイルスによっては，カプシドのまわりを脂質二重膜が取り囲んでいる（これをエンベロープという）．このシンプルな構造こそ，ウイルスがあらゆる種類の細胞に感染できるよう順応してきた結果なのだろう．

DNAやRNAを持つバクテリオファージはバクテリアに感染してそれを溶菌する．繊維状または紡錘状のDNAウイルスはアーキアに感染する．さらに，ウイルスは真菌や動物，植物のみならずすべてのスーパーグループに属する真核生物全体を標的としているのだ．

ウイルスのゲノムサイズはいろいろである．ブタに感染するサルコウイルスのゲノムサイズは2000 bp（塩基対）に満たない．その一本鎖DNA分子はたった2つの遺伝子をコードしているのみだ．1つは自らのカプシドを構成するユニットタンパク質．そして，もう一方はサルコウイルス自身のDNAを宿主細胞内で複製するための酵素である．一方，ウイルスの中で極端なゲノムサイズを持つのは，ミミウイルスである．巨大核質DNAウイルスに分類されるミミウイルスは1000を超えるタンパク質をコードしたゲノムを持つ．このウイルスはカプシドの内部に脂質二重膜に覆われたDNAを有し，DNA合成と翻訳を触媒する酵素を持っている．さらにはある種の代謝反応をコントロールする酵素の生産も行うことができ，分子生物と細胞生物の中間に位置する存在ともいえるだろう．

ウイルス感染したウイルスの遺伝子が宿主のゲノム中に入り込んでしまうことがある．このような場合にはウイルス粒子の生産は停止する．この休眠状態にあるウイルスをプロウイルスとよぶ．宿主細胞に何らかの問題（たとえば損傷）が起こると，プロウイルスはゲノムから切り離され，増殖サイクルが開始され，最終的には増殖したウイルスが細胞外へ放出される．このプロウイルスが目覚める過程で宿主のゲノム内の遺伝情報を偶然に取り込んでしまうことがある．ともすると，この遺伝情報は種を超えた別の宿主に渡される可能性もある．これが遺伝子水平伝播のメカニズムであるとされ，生物の進化においてきわめて重要なプロセスであると考えられている．ちなみに，ヒトゲノムには10万個の内在性レトロウイルスに由来する遺伝子断片を含んでいるとされている．これはヒトゲノム全体の8%にもあたる．

ウイルスは地球生態系の中で重要な役割を演じている可能性もある．1 mLの北大西洋の海水中には1500万個のバクテリオファージ（バクテリアに感染するウイルス）がおり，海洋性シアノバクテリアの死滅要因となっているのだという（日々40%のシアノバクテリアを破壊しているとの報告もある）．ウイルスは地球上のどこにでも存在し，生物圏の遺伝情報の多くがそれらウイルスによって保持され，そして運ばれているのだ．

第２章
微生物はどのように生きているのか

この章では，微生物が自らを維持しているメカニズムについて考えてみよう．細胞が生きていくためには水の供給が最低限必要である．極端に乾燥した，または塩気の多い環境であったとしても水分は絶対に必要である．なぜなら水なしでは，生化学的反応を触媒する酵素がはたらくことができないからである．地球上の至るところ，少しでも水を手に入れることができる場所であれば，微生物はそこで生きていくことができるのだ．また，微生物が生きてさまざまな生命活動を行うためには，エネルギー源の供給が不可欠である．光合成で生きる微生物は太陽光がその生育を支えているし，そのほかのものは，光合成で生じた有機物が生育の源となる．また，微生物の中には地球自体が不断に供給する無機物に依存して生きているものまでいる．細胞を基本単位とする微生物のすべては，細胞維持に関しては同一の（または，類似した）方法を採用しているが，生命活動を維持するためのエネルギー生産については多種多様なやり方を用いているのだ．

生命にとって不可欠な水

水が微生物にとって不可欠であるということを理解するためには，まず微生物の代謝がどのように行われるかを知る必要がある．もし，バクテリアの細胞が乾燥した空気にさらされたとしたら，細胞中の水分は蒸散によって失われていくだろう．熱力学の法則に従って，水分含量が高い細胞内部から，低い大気に向けて拡散するのだ．バクテリアの細胞が水に浸された時には，この流れは逆になる．バクテリア細胞内の細胞質に溶け込んでいる有機分子（アミノ酸や糖）やイオン（これらを溶質という）が細胞膜を介しての水の取り込みを促すのだ．このイオンや低分子物質を通さず，水だけを透過する細胞膜の性質を浸透性とよぶ．細胞の加水，脱水は細胞内外の溶質の濃度差によって決まる．細胞内の有機分子やイオンの濃度が外界よりも高い限りは，水は浸透性のある細胞膜を通過して細胞内に滲入（しんにゅう）し続けることになる．

細胞が水を吸うと細胞質の溶質濃度が薄まるだけでなく，細胞自体が膨らむことになる．原核生物の細胞の膨張は細胞壁があるために限定され，その結果，細胞外に向かっての水圧，すなわち膨圧が生じる．塩濃度が高い塩湖にすむアーキアの場合は，細胞質のイオン濃度が外界よりほんの少し高いだけなので，膨圧はほとんどないが，淡水にすむ微生物の場合には，1～5 気圧の膨圧が生じているという．膨圧は細胞の形にも影響するが，ある種の糸状のカビにおいては生体組織へ侵入する原動力となっている．植物寄生性のカビは，膨圧の支援によって，菌糸を植物組織内まで伸ばすのだ．

先にも述べたが，細胞膜は細胞質から溶質を逃がすことなく，水だけを通す半透膜的性質も持っている．細胞膜は基本的にイオンや低分子物質を通しにくい脂質の二重膜からできており，その膜中にさまざまな機能を持った膜タンパク質が入り込んでいる．膜タンパク質の中には水分子を通過させるものや，イオンや低分子物質の取り込みや排出にかかわる**チャネル**とよばれる膜貫通タンパク質が存在している（図9）．脂質二重膜を通過して拡散してしまった水は，アクアポリン（水チャネル）とよばれる膜タンパク質を通って速やかに吸収される．また，特定のイオンや低分子物質を選択的に

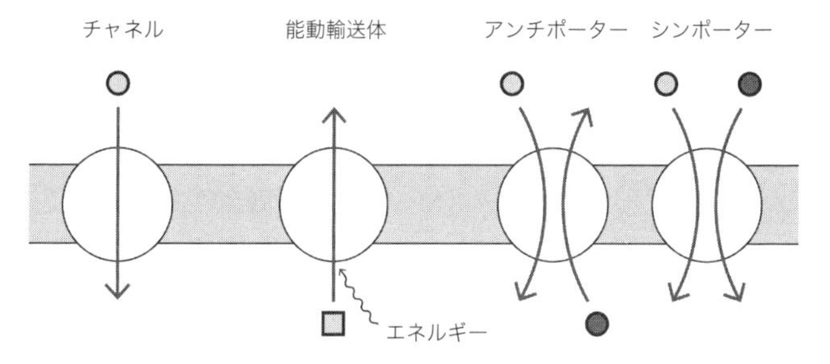

図９　細胞膜を貫通したタンパク質である膜輸送体は膜内外の物質の輸送を行う．特定の物質の自由拡散をゲートのように制御するチャネルやエネルギー（ATP など）を用いて物質の排出や取り込みを行う能動輸送体がある．また，膜両面の物質の濃度差を利用して，取り込みと他物質の排出を同時に行って交換するもの（アンチポーター）や，その取り込みと他物質の取り込みを同時に行うもの（シンポーター）がある．

通すチャネルもあり，これを通って細胞内の溶質は濃度勾配に沿って移動することになる．しかし，チャネル自体の開閉は制御されており，溶質透過が無秩序に起きるわけではない．

さらには，能動的にエネルギー（ATPの高リン酸化エネルギー）を用いて，濃度勾配に逆らってイオンや低分子物質の取り込み（または排出）を行うものもある．このような能動輸送を行う膜貫通タンパク質を**ポンプ**とよぶ．また，ナトリウムイオンが受動的に細胞内に入ってくる力を利用してグルコース（糖）を取り込む共輸送体（シンポーター）や，膜間に蓄えられた水素イオン濃度勾配（電気化学的エネルギーといえる）により水素イオンが細胞内に入ってこようとする力を利用して，ナトリウムイオンを逆に細胞外に排出する交換輸送体（アンチポーター）という膜貫通タンパク質もある．このような細胞膜の選択的透過性，チャネルやポンプなどの受動または能動輸送を行う膜タンパク質は，バクテリア，アーキア，そして真核微生物のすべての細胞に存在しており，細胞内の電気化学的な恒常性のみならずさまざまな代謝活性に関与している．

微生物の多様なエネルギー獲得様式

すべての微生物は，単細胞であるか多細胞であるかにかかわらず，無機物や有機物を酸化し，同時に還元することで生育のためのエネルギーを得ている．ここでいう酸化とは，原子，イオンまたは分子から電子を奪う反応であり，逆に還元とはそれらに電子を与えることである．生物は基本的に物質から電子を奪い（酸化），その電子をほかの物質に与える（還元）ことにより生きているのだ．たとえば呼吸により生きているわれわれを，この文脈で表現するなら，炭水化物から電子を奪い（酸化），酸素に電子を与える（還元）ことによって生きているということになる．

有機物がないと生きていけないわれわれとは異なり，微生物の中には無機物だけで生育するものがいる．有機物に依存しない生き方なので，これらは**独立栄養生物**とよばれる．独立栄養生物は，光エネルギーで生きる**光独立栄養生物**と無機物の酸化で生きる**化学独立栄養生物**の2種類に分けられる（図10）．光独立栄養生物の中には，シアノバクテリアや真核藻類など植物同様に酸素発生型光合成をするものと紅色光合成細菌や緑色光合成細菌などの酸素非発生型の光合成をするものがいる．前者は光エネルギーを使って，水から電子を奪う．電子を奪われた，すなわち酸化された水は酸素となるため，このタイプの光合成は酸素発生を伴うのだ．一方，後者は水の代わりに硫化水素や水素から電子を奪って光合成をするので，酸素は発生しない．水または硫化水素から奪われた電子（還元する力を持っているので**還元力**とよばれる）は，おもに二酸化炭素を還元して有機物（糖）を合成するのに用いられる（すなわち，炭酸固定である）．

もう一方の独立栄養生物である化学独立栄養生物は光に依存しないで，無機物の酸化を行う．酸化される物質は硫化水素や硫黄，還元鉄，アンモニア，亜硝酸，メタン，水素などである．これら物質は酸化され（電子を奪われ），硫黄または硫酸，酸化鉄，亜硝酸，硝酸，二酸化炭素，水などの酸化

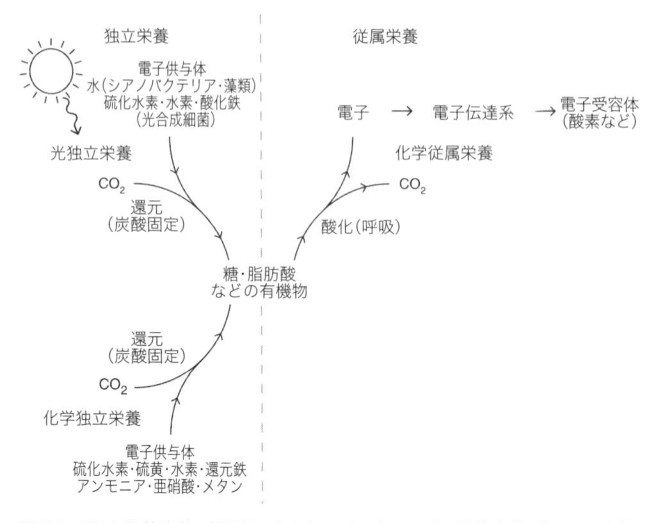

図10 独立栄養生物（炭酸固定を行うもの）と従属栄養生物（ほかの生物がつくった有機物を消費するもの）での電子と炭素の流れを示す模式図．独立栄養には光合成で生きる光独立栄養と，無機物を酸化して生きる化学独立栄養がある（左側）．呼吸をする従属栄養生物は有機物を酸化することによって得た電子を，電子伝達系（呼吸鎖）を介して電子受容体（酸素など）に手渡す間にATP（エネルギー）を合成する（右側）．

型物質となり排出される．奪われた電子は酸素に渡される(酸素呼吸)．また酸素のない条件では硫酸や硝酸などの電子受容体に渡されることもある（無酸素条件下で行われる呼吸なので，嫌気呼吸という）．また，これにより得られた還元力を炭酸固定に用いて自ら有機物の合成を行うことによって，独立栄養的に生育することが可能なのだ．

光合成や無機物酸化によって生きている独立栄養生物以外の微生物はすべて従属栄養的に生きている．従属栄養とは独立栄養生物が合成した有機物に頼った生き方である．従属栄養生物は真菌類のみならずバクテリアやアーキアの中にも数多く存在している．これらの多くはわれわれと同じように有機物を酸化し，酸素を還元して――つまり，酸素呼吸で――生きている（大腸菌だって，酸素呼吸しているのだ！）．また，酸素がない条件では嫌気呼吸を行うものがいる．酸素の代わりに硝酸イオンを使う嫌気呼吸の場合，硝酸イオンは逐次還元され，最終的に窒素ガスとなって大気に放出される．このような嫌気呼吸を，窒素ガスが発生することから，脱窒とよぶ．また，硫酸イオンを用いた呼吸を行うものもいて，この嫌気呼吸の場合，硫酸イオンが完全に還元されて硫化水素として放出されることになる．すなわち，硫酸還元である．この硫酸還元を行う生物は，無酸素条件下（嫌気条件ともいう）で生きるバクテリアの中にしばしば見られる．また，アーキアの中にもこれを行うアーキオグロバスというものが存在する．

微生物の中には，狭義の意味で独立栄養とも従属栄養ともいえない生き方をするものがいる．たとえばバクテリアの中には，光従属栄養的な生き方をする光合成細菌がいる．光従属栄養とは，無機物ではなく有機物を酸化して（有機物から電子を奪って）光合成で生きるもので，炭酸固定を行わず，炭素源としても有機物を用いる生き方のことである．このような生き方を**混合栄養**とよぶこともあるが，同様な生育様式はアーキアの中にも見られる．好塩性アーキアであるハロバクテリアはバクテリオロドプシンを用いて光栄養的にエネルギー生産が可能だが，同時に有機物を用いた呼吸によってその生育が支えられている．また，真核微生物のミドリムシは葉緑体を持ち光合成をするが，同時に捕食を行うことも知られている．これもまた混合栄養的生き方といえるだろう．

光合成のメカニズム

ここで微生物のエネルギー獲得様式をもう少し詳しく見てみよう．酸素発生型光合成をするシアノバクテリアで光を吸収しているのはフィコビリンと総称される色素とクロロフィルである．フィコビリンは光を吸収してクロロフィルにエネルギーを伝える補助色素としてのみはたらいているが，クロロフィルは光合成反応の電子の伝達を駆動するエンジンの役割を担っている．シアノバクテリアではクロロフィル分子を含む光駆動エンジンである2種類の膜タンパク質を持っている．2種類の膜タンパク質は光化学系Iと光化学系IIとよばれるが，それらはチラコイドという細胞内に同心円状に幾重にも入り組んだ内部陥入膜上に存在している（図11）．2つの光化学系のクロロフィルは光を吸収すると電子をたたき出しやすくなり，電子を放出したクロロフィルは電子をふたたび受け取りやすくなるという特徴を持つ．光化学系IIは水分子から電子を引き抜き，細胞膜中に溶けている脂溶性の電子運搬を担うキノンに電子を渡す役割を担う（図12）．キノンはクロロフィルを含まない膜タンパク質であるチトクロム複合体に電子を運び，チトクロム複合体から電子を受け渡されたプラストシアニンという水溶性の電子運搬体がチラコイド膜上を移動して，光化学系Iに電子を渡す．光化学系Iは

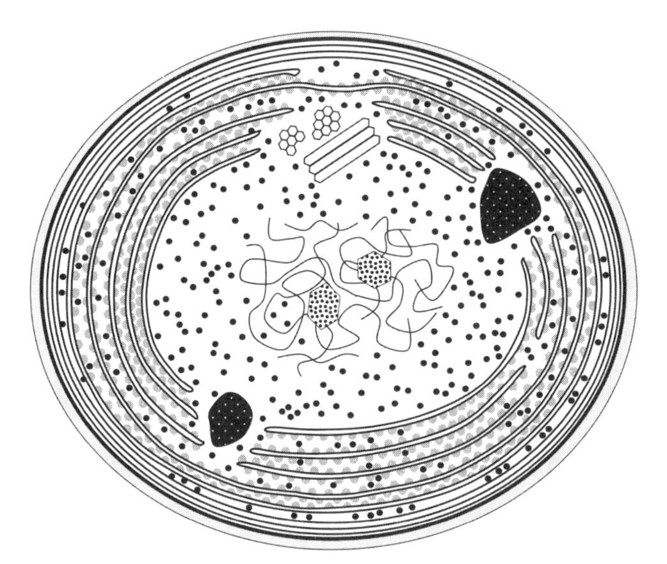

図11　シアノバクテリアの光合成器官（光化学系など）は細胞膜の内側に複雑に発達した陥入内膜構造（チラコイド）上に存在する（図中，灰色の小丸）．黒小丸はリボソームで，中心付近にあるのは染色体からなる核様体である．藻類や植物の光合成は独立した細胞内小器官で行われるが，シアノバクテリア細胞全体に広がっている．

クロロフィルを含んでおり，光エネルギーによって電子のポテンシャルを上げ，$NADP^+$という分子に電子を渡す．電子を受けた酸化型の$NADP^+$は還元型のNADPHとなる．NADPHは物質を還元する能力（これを**還元力**という）を持った分子であり，炭酸固定の際に必要な還元力を提供する役割を果たす．

光化学系IとIIを含む膜タンパク質を電子が受け渡されるシステム全体を光合成電子伝達系とよぶ（図12）．光合成

光合成電子伝達系（葉緑体）

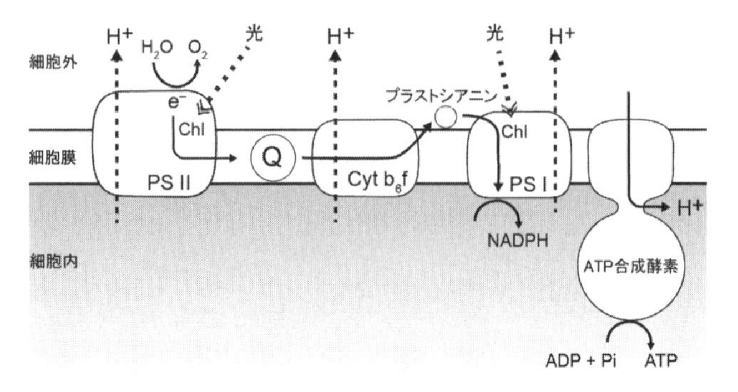

呼吸鎖（ミトコンドリア）

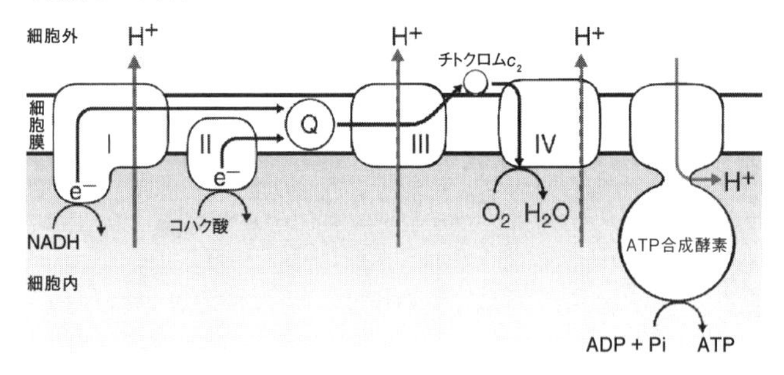

図 12　葉緑体の光合成電子伝達系（上）とミトコンドリアの呼吸鎖（下）での電子の流れ．電子伝達系を構成するタンパク質はすべて細胞膜中に存在している．PSI：光化学系 I，PSII：光化学系 II，Cyt b_6f：チトクロム b_6f 複合体，Chl：クロロフィル，Q：プラストキノン（光合成電子伝達系）；ユビキノン（呼吸鎖），呼吸鎖タンパク質 I：NADH 脱水素酵素，呼吸鎖タンパク質 II：コハク酸脱水素酵素，呼吸鎖タンパク質 III：チトクロム bc_1 複合体，呼吸鎖タンパク質 IV：チトクロム酸化酵素．なお，H^+ は水素イオンを表し，電子伝達に伴い，キノンによる膜内輸送や細胞内での消費または細胞外での生成で膜を隔てた濃度勾配が生じる．この濃度勾配を使って ATP 合成酵素が ATP（エネルギー）を生産する．

電子伝達系内を電子が受け渡されている間にチラコイド膜の内外で水素イオン（H^+）の濃度差が生じることになる．膜の内側（図12では膜の下側）ではNADPHの生成により水素イオンが消費され，膜の外側（図12では膜の上側）では水の酸化によって水素イオンが発生する．また光化学系IIから電子を受け取った脂溶性電子運搬のキノンは膜の内側から外側に向けて水素イオンを運ぶ．結果，膜の外側では水素イオン濃度が上昇し，内側では低下する．図12の右端にあるATP合成酵素は膜貫通型のチャネルであり，濃度が上昇した外側から内側に入ってくる水素イオンの力を利用して，ATPの合成を行う．ATP（アデノシン三リン酸）とは生体内のエネルギーの貯蔵物質であり，さまざまな代謝のエネルギー源となるものである．このように光合成電子伝達系を電子が受け渡されることにより，NADPH（還元力）とATP(エネルギー）が生成されるわけである．生成された還元力とエネルギーは炭酸固定による有機物合成や細胞内の代謝に用いられる．

この酸素発生型光合成はシアノバクテリア以外の生物でも行われている．植物だけでなく，緑藻や紅藻，灰色藻，クリプト藻，ハプト藻，褐藻，珪藻（けいそう），渦鞭毛藻（うずべんもうそう），そしてミドリムシなどさまざまな藻類がそれにあたる．これら生物の光合成は細胞内小器官である葉緑体で行われている．第1章でも触れたが，葉緑体はシアノバクテリアを起源とするものであり，植物および藻類の光合成電子電達系の基本的なメカニズムに差異はない．光合成色素としてクロロフィル*a*を持つことも共通しているが，光を集めるための補助色素には違いがある．シアノバクテリアは補助色素としてフィコシアニン（青色）やフィコエリスリン（赤色）を持つ．紅藻もシアノバクテリアと同様の補助色素を持っているがフィコエリスリン（赤色）の含量が多く，紅色を呈する．褐藻はフィコシアニン，フィコエリスリンを欠いており，その代わりにフコキサンチンというカロテノイドを補助色素として使っている．緑藻と植物の葉緑体の色素は類似しており，クロロフィル *a* に加えクロロフィル *b* が含まれている．

紅色光合成細菌と緑色光合成細菌は水の代わりに硫化水素などから電子を受け取るという，酸素の発生を伴わない光合成（酸素非発生型光合成）を行うバクテリアである．酸素発生型光合成をするシアノバクテリアが光化学系 I と II という 2 種類の光合成膜タンパク質を持っているのに対し，これら酸素非発生型光合成バクテリアはどちらか一方の光化学系しか持っていない（どちらか一方でも，十分にエネルギーを得ることができるのだ）．緑色光合成細菌は光化学系 I 型の光合成膜タンパク質を，紅色光合成細菌は光化学系 II 型のものを光合成に用いている．また，シアノバクテリアの光合成電子伝達系は基本的に水から NAHP に直線的に電子が受け渡されるが，酸素非発生型光合成の場合は電子が光化学系にふたたびもどる循環型電子伝達が行われている．このような循環型の電子伝達でも，電子の受け渡しの間に細胞膜を隔てた水素イオンの濃度勾配が生じ，ATP 合成酵素を介して ATP が合成されるのは同じである．

酸素発生型光合成がシアノバクテリア門のみに見られるのに対し，酸素非発生型光合成は系統的に広く分布している．紅色光合成細菌はプロテオバクテリア門，緑色光合成細菌はクロロビ門という系統的に離れた別の門に属している．また，酸素非発生型光合成はそれ以外のクロロフレキシ門，ファーミキューテス門，アシドバクテリア門，そしてジェマティモナデテス門の中にも見つかっている．このような系統的な広がりを持っていることから，酸素非発生型光合成の起源は酸素発生型光合成に比べはるかに古いと考えることができる．

また，緑色光合成細菌は光を効率よく集めるための特殊な器官を持っている．それは脂質膜の中に多量のバクテリオクロロフィルが詰まったクロロゾームとよばれる構造体である．この効果的な光捕集器官のおかげで，緑色光合成細菌は光量が少ない湖沼の深度の深いところでも，光合成によって十分に生育することができる．このクロロゾームはクロロフレキシ門のクロロフレクサスなどにも見られる．クロロフレクサスは好熱性バクテリアであり，温泉水中でバクテリアルマットとよばれる微生物被膜を形成することが知られている．クロロゾームにより，密な微生物被膜内部の弱い光の中でも光合成できるのだ．

従属栄養と化学独立栄養

植物が光合成で生育するのと異なり，われわれは酸素呼吸することによって生きている．われわれと同様に酸素呼吸で生きる微生物は多く，カビやキノコなどの真核微生物だけではなく，バクテリアにもアーキアにも広く存在する．酸素呼吸も光合成と同様に電子伝達系を伴うエネルギー生産システムである（呼吸の電子伝達系は**呼吸鎖**ともよばれる）．細胞内に取り込まれた有機物は，さまざまな酵素反応により酸化される．つまり，電子を奪われるのである．その電子は NAD^+ という電子運搬体に渡され還元型の NADH となる．NADH は光合成電子伝達系で生じる NADPH と同様に還元力としてはたらく．有機物の酸化によってつくられた多数の NADH が呼吸の電子伝達系（呼吸鎖）に電子を受け渡すことにより，電子伝達がはじまる．この呼吸鎖の電子伝達にかかわるタンパク質も光合成電子伝達同様，細胞膜中に存在している（図 12）．NADH から電子を受け取る NADH 脱水素酵素という膜タンパク質である．そこから，脂溶性電子運搬体であるキノンを介して，電子を受け取るのがチトクロム bc_1 複合体という膜タンパク質，そしてチトクロム c_2 とよばれる水溶性電子運搬体により，電子はチトクロム酸化酵素に渡され，最終的にその電子は酸素を還元するのに用いられる（酸素は還元されて水になる）．また，呼吸鎖にはコハク酸脱水素酵素という膜タンパク質もありコハク酸から引き抜いた電子をキノンに渡す役割もしている．この呼吸鎖を電子が流れる間に，膜の内外で水素イオン（H^+）の濃度差が生じるのは，光合成電子伝達系で説明したのと同様である．膜の内側（図 12 では膜の下側）では酸素の還元により水素イオンが消費される．また，NADH 脱水素酵素やコハク酸脱水素酵素から電子を受け取った脂溶性電子運搬のキノンは膜の内側から外側に向けて水素イオンを運ぶ．結果，膜の外側では水素イオン濃度が上昇し，内側では低下し，外側から内側に再流入する水素イオンの力を利用して，ATP 合成酵素がATP の合成を行うのである．

光合成電子伝達系と呼吸鎖は，前者は水を酸化して電子を奪って酸素を発生する系であり，後者は最終的に酸素に電子を与えて水ができる系ということで，真逆の反応を行っているように思えるかもしれない．しかし，両者を並べて比較してみると，多くの類似点があることがわかる（図 12）．両者ともに脂溶性の電子運搬体であるキノンを含んでおり，それが膜内から膜外への水素イオンのくみ出しを行っていること，そのキノンが電子を渡す膜タンパク質がともにチトクロムを含む複合体であること，そしてそこから電子を受け取るのがともに水溶性の電子運搬体（光合成ではプラストシアニン，呼吸鎖ではチトクロム c_2）であることなどである．また，膜外（細胞外）に水素イオンを排出して濃度勾配を形成し，イオンが再流入する力を利用して ATP 合成酵素によりATP の合成を行うのも同じなのである．

なお，われわれを含む真核生物では，この呼吸鎖は細胞内小器官であるミトコンドリアの内膜上にある．真核生物において光合成を行う葉緑体がシアノバクテリア起源であると同様に，ミトコンドリアはプロテオバクテリア起源である．つまり，真核生物が行っている呼吸というエネルギー生産系は，もともとバクテリアが持っていたものであり，真核生物の祖先がファゴサイトーシスによって獲得したものなのである．

ここまで話してきた呼吸鎖は有機物を栄養源としている従属栄養生物によるものであるが，無機物を栄養として生きる化学独立栄養生物にも同様の呼吸鎖は存在する．硫黄や鉄，アンモニアや亜硝酸そしてメタンなどの無機物の酸化には特殊な酵素の存在が不可欠であるが，その酵素によって無機物から引き抜かれた電子は，基本的にチトクロムなどの電子運搬体を介して，チトクロム酸化酵素に渡され，酸素の還元に使われる．この電子伝達により膜内外の水素イオンの濃度勾配が形成され，ATP 合成酵素により ATP が合成されるのは，先に説明した従属栄養生物の酸素呼吸によるエネルギー獲得様式と（そして，光合成によるエネルギー獲得様式とも）同等である．

化学独立栄養生物は，従属栄養生物とは異なり，生育のためには炭酸固定することが必要である．炭酸固定のためには還元力（NADH）が必要なので，無機物から得た電子の一部を NADH 生産に充当したり，呼吸によって合成された ATP（エネルギー）を用いて NADH をつくるものもある．

このような化学独立栄養生物が生育しているのは，一見生育に不適と思われる火山活動地帯，鉱山廃水や農業活動により汚染された環境であったりする．なぜなら，彼らにとっての栄養源である無機物に富んでいるからだ．水素や硫黄を酸化して生きるバクテリアやアーキアは陸上の温泉や海底熱水噴出孔におり，鉄酸化バクテリアは閉山した炭鉱や毒性廃棄物の廃棄場から漏れ出る酸性の廃水の中で繁茂している．アンモニアを酸化，または亜硝酸を酸化する硝化細菌は天然の肥料となり植物の生育を促すが，海洋環境ではアンモニア酸化アーキアは亜硝酸をつくり，アナモックス細菌は嫌気条件下でアンモニアを酸化して窒素ガスを発生させるのだ．

大気中の二酸化炭素を固定するだけではなく，窒素分子を固定する能力を持つものが原核生物（バクテリアとアーキア）にはいる．それは地球規模での窒素循環に不可欠なプロセスでもある．大気中の大部分を占める窒素はタンパク質や核酸，クロロフィル，バクテリオクロロフィルなど生体分子の構造に必須な元素なのだ．しかし，大気中の窒素は植物には無益だし，大半の生物はそれを利用することができないので，それを固定できるバクテリアやアーキアはきわめて重要である．それらは大気中の窒素分子をアンモニアに変換することで，土壌や水環境に栄養を供給できるからだ．このような窒素固定原核生物には，自由生活をしているものもいれば，寄生生活をしているものもいる．これらすべてがニトロゲナーゼという酵素によって窒素固定を行っているが，それは代謝的に“高価”なプロセスなのだ．窒素分子の２つの窒素原子は強固な三重結合で結びついており，その結合を解くには十分な量の還元力とエネルギーが必要とされる．自由生活をしているシアノバクテリアはこの還元力とエネルギーを光合成によって補っている．一方，マメ科植物の根などに寄生して生きる窒素固定バクテリア（リゾビウムなど）は，宿主である植物からふんだんに栄養の供給を受けているのだ．

酸素が存在しない状況，すなわち嫌気環境であっても，呼吸は起きる．このような呼吸を嫌気呼吸という．最終電子受容体である酸素の代わりに硝酸イオンを用いるのが硝酸呼吸，硫酸イオンを用いるのが硫酸呼吸である．では，いかなる最終電子受容体もない環境では微生物は生きていくことができないのだろうか？　このような状況においても，ある種のエネルギー獲得様式を用いて微生物は生きていくことができる．それが発酵である．糖（ブドウ糖）などの発酵基質があれば，最終電子受容体なしに，すなわち電子伝達系を介さずに，基質の酸化とATP生産が可能である．ATPは解糖系（糖の酸化経路）での基質レベルのリン酸化によってつくられる．代表的な発酵として，酵母によるアルコール発酵（ブドウ糖からアルコールと二酸化炭素が生じる）と乳酸菌による乳酸発酵（ブドウ糖から乳酸が生じる）が挙げられる．

栄養源となる物質――基質

糖（ブドウ糖）などの単純な化合物は従属栄養性の微生物にとって使いやすい栄養源である．微生物は発酵や呼吸で容易にそれらを消費できる．これより複雑な化合物，たとえば多糖類やタンパク質または脂質などは，そのまま微生物の細胞が取り込むことはできず，前もって分解しておくことが必要である．微生物は消化酵素を分泌し，これら大きな分子を糖やアミノ酸，脂肪酸などの小さい水溶性の分子に分解する．バクテリアや真菌類は細胞膜にある膜輸送タンパク質を使って，これら低分子の物質を細胞内に取り込み，発酵や呼吸でそれを酸化してエネルギーを得るか，今後の利用のために細胞内に蓄える．微生物はこの消化メカニズムを用いて，物質から栄養を吸収し，その表面で生育することができる．

糸状菌はこのメカニズムにより菌糸を個体内部に侵入させていくのだ．

果物に含まれる炭水化物は，従属栄養微生物にとって好まれる栄養源の1つである．たとえば，地面に落ちたリンゴは果糖やブドウ糖，ショ糖を含んでいる．果糖とブドウ糖は単糖類であり，嫌気または酸素呼吸によって容易に酸化されてエネルギーが生じる．また，これらは直接の発酵基質となるので，バクテリアや酵母の発酵によって速やかに消費される．一方，ショ糖は果糖とブドウ糖が結合した二糖類である．よって，ショ糖を発酵するためにはあらかじめショ糖を分解し果糖とブドウ糖にしておく必要がある．酵母はサッカラーゼ（インベルターゼ）というショ糖のグリコシド結合を切断する酵素を分泌してそれを行う．

リンゴは単糖類や二糖類だけではなく，セルロースという多糖類にも富んでいる．セルロースはブドウ糖がβ結合した多糖類で植物細胞の細胞壁の主成分である．セルロースは草や樹木，枯れ木，土壌中の植物遺体にも含まれており，地球上で最も多く存在する有機高分子といわれている．セルロースの分解は簡単ではないが，ある種の微生物（バクテリアや真菌類）が，これを分解するセルラーゼという酵素を持っている．セルラーゼには2種類の酵素があり，それらはエキソグルカナーゼというセルロース重合体の末端からセロビオース（ブドウ糖が2個結合した二糖類）を切り離す酵素と，エンドグルカナーゼというセルロース高分子内部の結合を切断する酵素である．分解されたセルロースは最終的に微生物により単糖にまで分解され，呼吸または発酵により酸化され無機化される．セルロースは反芻動物の第一胃やシロアリの腸内でも分解されるが，その分解はおもに共生した微生物により行われている．つまり，カーボンリサイクルにおいて重要なセルロースの分解というプロセスを担っているのは，微生物なのである．

植物細胞の細胞壁はセルロースだけではなく，リグニンとよばれる高分子フェノール化合物も含んでいる．この高分子もまた白色腐朽菌とよばれる微生物により分解される．白色腐朽菌により小さく切断された低分子のリグニンはバクテリアによってさらに分解され，最終的に無機化される．

バクテリアやアーキア，真菌類などの微生物は，多岐にわたる消化酵素をつくり出し，それを分泌する．たぶん，地球上で自然に生じる，または生物によって合成されるいかなる物質も，これら酵素の分解に対して永遠に対抗できるということはないだろう．このような消化酵素はアメーバ様真核生物にも見られるが，その使われ方は原核生物とは異なっている．アメーバ様真核生物はファゴサイトーシスにより周囲のバクテリアや小さな微生物を仮足を使って包み込み，細胞内の食胞に取り込む．消化酵素は，バクテリアのように細胞外に放出されるわけではなく，この食胞内に分泌され，その中で被食者は消化されるのだ．そして消化されて生じた分解物（糖やそのほかの低分子化合物）は速やかに細胞内に吸収される．

たがいに助け合いながら生きる微生物

微生物は，異なるエネルギー源を用いる（代謝の異なる）もの同士が相互に助け合いながら生きる生育環境を集団でつくり上げている．水の中で見られる微生物マットは，その典型的な例である．微生物マットとは微生物が共同で形づくる密な集合体である．小さな微生物であっても集団となれば肉眼で十分に確認できる大きさとなるのだ．水界では多種多様な微生物マットが形成されているが，それらの主要構成者は多くの場合，生産者となり得る光合成微生物である．シアノバクテリアを含む微生物マットは湖沼，河川，温泉，そして海の浅瀬などで繁茂している．これらのマットはシアノバクテリアだけではなく，さまざまな微生物が含まれていて，微生物の共同体といってよい．

この共同体の表面ではシアノバクテリアが日の光を受けて光合成を行い有機物と酸素を産み出す．共同体の中にいる好気性の従属栄養微生物は，シアノバクテリアがつくり出した有機物と酸素を使って生育することができる．これらが呼吸によって酸素を消費するため，マットの下層は酸素のない状態（すなわち嫌気条件）になり，嫌気性微生物——発酵性のバクテリアや硫酸還元菌など——が生育できる環境が整えられるのである．このような嫌気環境においても生産者である光合成生物が生育する場合もある．嫌気性の緑色硫黄細菌は硫酸還元菌が硫酸呼吸で放出する硫化水素を用いて光独立栄養で生育することができる．炭酸固定も行い，合成された有機物が硫酸還元菌の生育を支えることになる．

海底熱水噴出孔や高温の温泉中には光合成微生物の代わり

に化学独立栄養微生物を含むマットが観察されることもある．熱水の中には硫化水素が含まれており，不断に供給されるこのエネルギー源を利用し硫化水素酸化微生物が生産者の役割を担うのだ．それが酸素を消費することによって嫌気環境が生まれ，つくり出した有機物が嫌気微生物の生育をサポートするのだ．また，原核生物だけではなく，珪藻や生産者の1つとして共同体の構成メンバーになっている例もある．

西オーストラリアのシャーク湾の塩濃度の高い浅い海の中には，**ストロマトライト**とよばれる特殊な微生物マットがある．これはおもにシアノバクテリアによって構成されるマットであり，無機堆積物の沈殿とともに柱状に成長したものである．シアノバクテリアの死骸と堆積物によってその断面がしま模様を呈するストロマトライトという岩石（化石）があり，それに類似しているために“生きているストロマトライト”とよばれているのだ．

微生物がつくるフィルム状の構造体はバイオフィルムとよばれており，先に説明した肥厚に成長した微生物マットもまたその一形態である．一般的なバイオフィルムはこれより目立たず，樹木や河床の石などの表面に薄く張り付くようにして存在している．また，われわれの歯の表面にもバイオフィルムは発達している（歯垢（しこう）もバイオフィルムの1つだ）が，人工物の上にもそれは形成されている．ボートの船体に塗った光沢剤の上に，シャワーカーテンの表面に，廃水パイプの内側の面などにもバイオフィルムが見られる．これらぬるぬるした，時としてピンク色を呈したバイオフィルムはすべて微生物によってつくられたものである．微生物が細胞外多糖を分泌し，それを結合剤として自らの集団を固めているのだ．細胞外多糖で形づくられた構造体の基部には隙間が多く存在し，栄養分と酸素の運搬や老廃物を運び出すための水路となっている．

また，バイオフィルムにはさまざまな微生物が存在していることが知られている．その中の環境条件は多様であり，栄養濃度も酸素濃度も異なるからだ．そこにすむものの呼吸により酸素濃度は低下し，バイオフィルムの下層は嫌気性生物がすむのに適した環境となるのだ．

バイオフィルムの形成や維持，成長そして破壊はそれを形成する微生物によってコントロールされている．バイオフィルムの中のある種のバクテリアは，栄養分の濃度や細胞密度を感じ取り，同胞に信号を送ることができる．この細胞間の交信により，そのバクテリアは同調して成長を調節したり，バイオフィルムを破壊して外へ飛び出すことができる．この信号は低分子物質であり，その分泌と拡散，それに対する応答というかたちで交信がなされている．このような細胞密度を感知して各細胞が同調して行動する機構をクオラムセンシング（定足数感知）とよぶ．

微生物の増殖

この章で説明してきたさまざまな代謝機構によりエネルギーを獲得して微生物は増殖し，生物圏を満たしていく．細胞を四方にまき散らしたり，バイオフィルムを形成したり，あるいは共生生物としてほかの生物の体内に生活圏を見出したりする．微生物の中でも原核生物は無性性増殖でのみ集団の大きさを増大させていく戦略を取っている．すなわち，クローンとしての細胞増殖である．細胞分裂が1回起きるまでの時間を世代時間とよび，原核生物それぞれの種の世代時間は大きく異なっている．腸内細菌である大腸菌 *Escherichia coli* は20分ごとに細胞分裂する．一方，極地湖にすむメタン生成アーキアの世代時間は1か月である．なお，海底堆積物の中の原核生物は速い生育を示すことなく，それらの世代時間は年の尺度であるとの報告がある（それゆえ“スローモーション生物”の称号を授かっている）．

世代時間こそ多様だが，バクテリアの増殖は一般的に速い．細菌感染症の急速な進行や冷蔵庫が壊れたらすぐに食品の腐敗がはじまることから考えて明らかであろう．これはバクテリアが指数増殖を示すことによる（指数増殖とは，指数関数的増加のことであり，1回の分裂で2細胞に，2回の分裂で4細胞に，3回の分裂で8細胞に……というように増殖することを示す．7回の分裂で細胞数が100個を超え，10回の分裂で1000個を超えることになる．世代時間が20分の大腸菌の場合，計算上ではあるが，たったの10時間で1個の細胞が10億個になる）．

栄養源が供給される限り，この指数関数的増殖は永遠に続く．しかし，実際には栄養源の枯渇または生育に悪影響を及ぼす老廃物の蓄積により，いずれ停止することになる．実験室での培養では，バクテリアの増殖は図13のような細胞増減パターンを示す．培養液に接種されたばかりのバクテリア

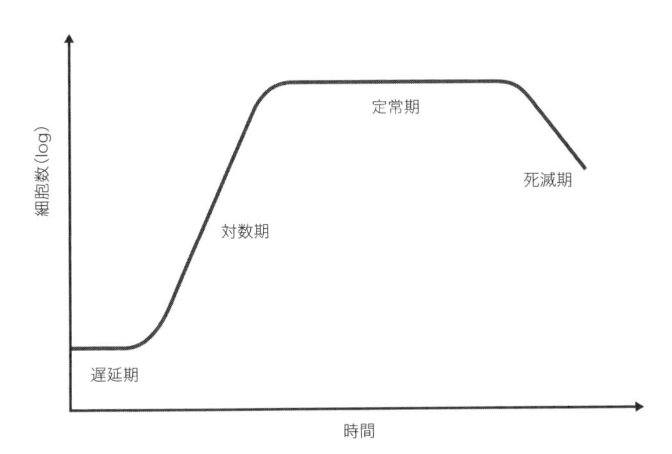

図13　バクテリアの細胞数の増減を示した模式図．培養液に接種されたばかりのバクテリアは増殖のための準備を整えるため，すぐに分裂はしない（遅延期）．この後，対数期に入って対数関数的に細胞数が増加する．栄養分の枯渇とともに，この増殖は止まり，定常期となる．そして，死滅期になると細胞は減少していく．

はすぐには増殖を開始せず，増殖のための準備を整える，または環境の変化に応答する（新しい培養液に慣れる）ための時間を必要とする．これを遅延期（誘導期）とよぶ．この後に対数増殖を示す対数期に入り，細胞数は対数関数的に増加する．しかし，やがて増殖は止まり，細胞数に変動のない定常期となる．その後，死滅期に至り，細胞は死滅（溶菌）していく．

多くのバクテリアは，図13のような細胞増減パターンを示し，死滅していくが，バクテリアの中には栄養源の枯渇をきっかけに，芽胞という耐久性の高い休眠細胞や柄を伸ばして子実体と胞子をつくるものがいる．このような飢餓をのりこえて生残しようとする戦略を持つものは，前者ではクロストリジウム，バチルス，そして放線菌などであり，後者はミクソバクテリアである．

桿状（かんじょう）の細胞を持つ原核生物（桿菌）は，分裂の直前まで，その細胞の長さを伸ばす（図 14）．染色体の複製に引き続いて起きる細胞の均等分裂は，分裂面の細胞膜に形成されたリングによって行われる．このリングは FtsZ というタンパク

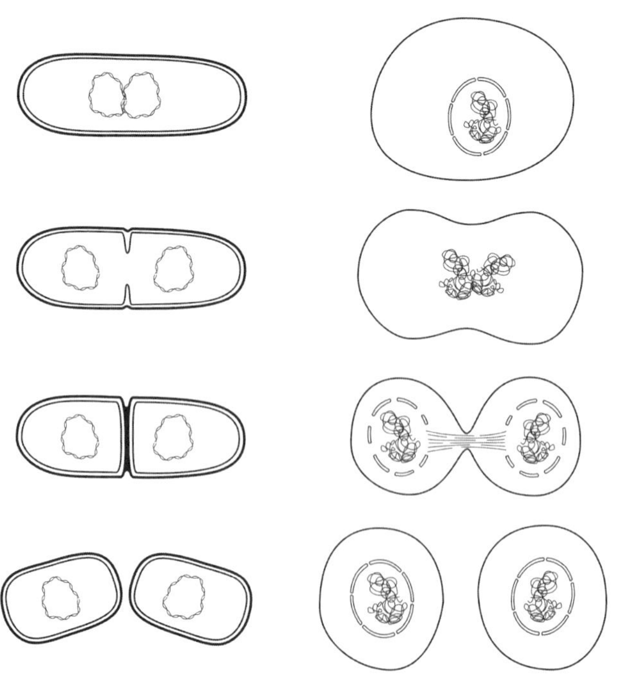

図 14　バクテリア（左）と真核生物（右）の細胞分裂様式．

質によって構成される．この**Zリング**の位置で細胞壁の合成が起こり，やがて細胞は2つに分かれる．FtsZタンパク質はバクテリアやアーキアで生成されるだけでなく，真核生物細胞内にあるミトコンドリアや葉緑体の分裂にも関係している．Zリングの形成は染色体が完全に複製され，2つのコピーが分かれる時点まで，抑制されている．また，Zリングの最終的な位置決めは細胞膜に結合したタンパク質によって定められ，そこでほかの膜タンパク質とともに分裂を先導するデビソーム複合体を形成する．バクテリアの分裂に深く関与するこのデビソーム複合体こそ，新たなる抗生物質を生み出すための絶好の研究対象であるのかもしれない．

一方，真核生物の細胞分裂は染色体の有糸分裂と連動している．しかし，分裂様式は細胞構造の違いによりまちまちである．アメーバ様細胞（と動物細胞）の細胞分裂は細胞の赤道上に形成されるタンパク質リングの締め付けによって起こり，絞り切られるようにして2つに分けられる（図14）．このリングの位置は，染色体を分裂した娘細胞に分配する紡錘体（微小管からなる構造体）によって規定されている．

真菌類の中には特徴的な分裂様式を持つものがある．酵母は，小さな娘細胞をあたかも芽を出すようにして生じさせる**出芽**という細胞分裂を行う．また，菌糸に沿って細胞内に多数の隔壁をつくって分裂する真菌類もいる．珪藻はとても奇妙な細胞分裂をする生物である．細胞分裂するたびに大きさがどんどん小さくなっていくのだ．これは珪藻の細胞が被殻というケイ酸質の硬い殻に覆われていることが原因である．被殻はふた付きの箱のような構造であるが，細胞分裂時に親細胞の被殻の中で殻がつくられるので，新しい殻は，外側の殻（親細胞の被殻）より小さくなってしまうことになる．マトリョーシカを次々に開けて，中の小さな人形を取り出していくかのように，珪藻は分裂を繰り返すたびにひたすら小さくなり続けて最後には顕微鏡でも見えないほどの大きさになってしまうかというと，そうではない．細胞の大きさは有性生殖の際に復元されるのだ．

酵母の細胞増殖は（単細胞生物であるので）バクテリアと同様のやり方で計数できる．だが，糸状性の真菌類の場合はその状況が少々複雑になる．糸状菌の菌糸は，細胞内に隔壁を形成して分裂したり，細胞を分岐させて網状に発達したりするからだ．細胞の区画の大きさにそれぞれ大きな違いがあり，かつ含まれている核の数も異なっている糸状性真菌類の増殖は，酵母の世代時間と同様に考えてはいけないのだ．糸状性真菌類の増殖を調べる実際的な方法は，細胞区分を1つ1つ計数することよりも，その生物量の増加を総体として計量することであろう．

真核生物の胞子形成

飢餓状況でバクテリアが行う芽胞形成と同様の性質が真菌類にもある．胞子の形成は，より生育に適したどこか別の場所を探して自らを散布する目的でつくられるものだが，生残のためのカプセルとしても生産されるのだ．胞子は，将来状況が好転し発芽できる日が来るまで，厳しい環境中で耐え忍ぶことができるし，大気中でも水の中ですら死滅することが

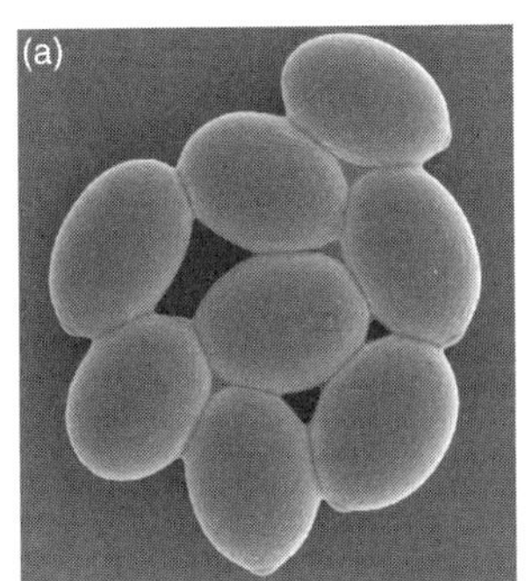

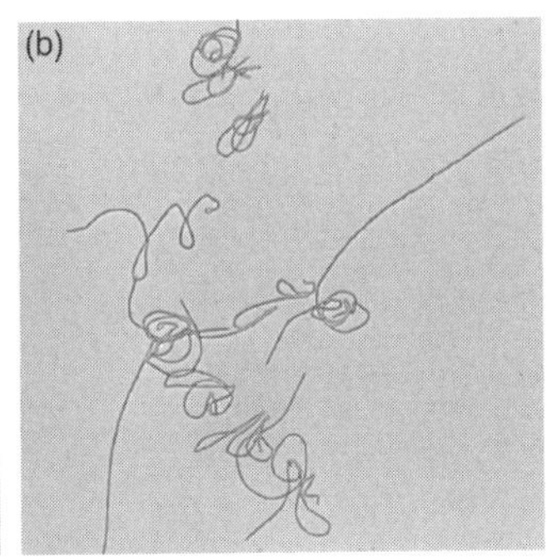

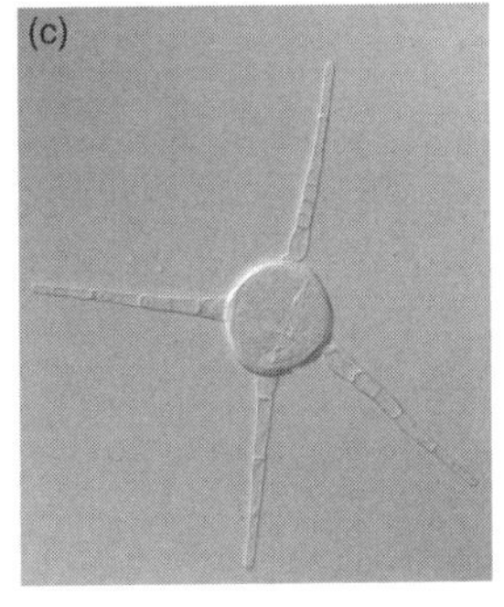

図 15　真菌胞子の形態は多様であり，真菌学者はその形態の違いによって種同定をする．(a) 糞生真菌のつくる子嚢胞子，(b) 昆虫に寄生する真菌の糸状の胞子，(c) 水生真菌の星形胞子．

ない．また，これら胞子は多種多様な形態を持っており，種によって特徴的な形を示す（図 15）．よって，真菌学者はそれらの微視的な構造に基づき，真菌類の分類同定を行っているのだ．

真菌類は無性胞子とともに有性胞子もつくる．無性胞子はコロニー上に菌糸を伸ばしその先端につくられる——いわゆる**分生子**とよばれる——ものだ．分生子の核は有糸分裂によって複製されたもので，本体と同じ遺伝子のセットを持つクローンである．有性胞子は有性生殖のために減数分裂でつくられる胞子である．それは真菌類の分類群によりそれぞれ異なった名称がつけられている．接合胞子は接合菌が形成する有性胞子であり，子嚢胞子は子嚢菌が交配のために生産する．担子菌は子実体（キノコ）の中で担子胞子をつくる．

大多数の真核微生物はこのような風媒性の胞子をつくらない．それは真核微生物の多くが水中を生活圏としているからだ．水中での散布を効率よく行うため，胞子は鞭毛を持って能動的に泳ぐものもある（これを**遊走子**とよぶ）．また，休止胞子（または包嚢）は耐性を持つ胞子であり，寒い冬の間は，良好な季節がふたたび訪れるまで，休眠することができる．

真菌類に比べ，それ以外の真核微生物の生活様式や代謝に関しては情報がきわめて少ない．真菌類（とくに糸状菌）は実験室での培養も容易であるし，モデル生物として何十年にもわたって研究されてきが，それ以外の真核微生物はそうではないからだ．同様なことが原核生物にもいえる．培養可能な原核生物（特にバクテリアの一部）に関しては膨大な生理・代謝学的データが多数存在するが，それ以外のものに関しては有用な情報はごくわずかである．今日では，この情報の欠落がわれわれの想像を超えてさらに甚大であることが示されてきている．環境中の微生物生態系を対象とした遺伝学的解析が，無数の未培養の微生物が環境中で生育していることを明らかにしはじめたからだ．研究室で培養ができないという理由だけで，われわれはいかに多くの微生物を見過ごしてきてしまったのだろうか．遺伝学的解析という新たな手法を使って，環境中にいまだ隠れている謎の微生物の代謝機能や細胞生物学，環境中での挙動を知ることこそ，現代の微生物学研究における最も興味深い挑戦といえるのではないだろうか．

第３章

微生物遺伝学と分子微生物学

第１章と第２章で述べた細胞の構造やその代謝は，すべて遺伝子に刻まれている．遺伝形質がどのようにして受け継がれているかは，植物や動物を実験観察対象とした研究によって解明されてきた．しかし，60 年以上にわたる分子レベルでの遺伝学は，おもにバクテリアやカビなどの微生物を用いた研究によって発展してきた．多細胞生物に比べ小さなゲノムを持ち，世代時間も短い微生物は分子遺伝学の研究にとって格好のモデル生物であったのだ．また，ある種のカビは有性生殖を介した遺伝子組換え研究に大いに役立ったのである．

微生物のゲノム構造

バクテリア，アーキアそして真核微生物のゲノムはすべて二本鎖DNAらせんの上にコードされている．一方，ウイルスのゲノム情報は，一本鎖または二本鎖DNA，もしくはRNAに記録されている．ウイルス遺伝子の発現は感染した細胞の中で，その宿主の発現メカニズムを借りて，行われる．ウイルスの遺伝学に関しては次章で詳しく述べるが，これら遺伝情報を記録可能な媒体であるDNAとRNAは，双方ともヌクレオチドという物質が鎖のようにつながった構造を持つ核酸である．ヌクレオチドは，1つの糖とそれら同士をつなげるためのリン酸基，そして窒素を含んだ塩基から構成されている（塩基とは酸と反応して塩を生じる物質の総称である）．DNAとRNAは4種類の塩基を持っており，それらをどのような順番で並べるかというのが遺伝情報のもととなっている．

最初のウイルスゲノムの解読は1970年代に行われ，それは数千のヌクレオチドが連なったものであった．また，バクテリアの中ではじめてゲノムが解読されたのはヘモフィルス・インフルエンザエ *Haemophilus influenzae*（インフルエンザ菌：19世紀にインフルエンザが大流行した際に分離されたために「インフルエンザ菌」と命名されたが，インフルエンザの病原体であるインフルエンザウイルスとは異なるものである）で，1995年のことである．インフルエンザ菌の染色体は180万対のヌクレオチドを含んでおり，そのゲノムサイズは1.8 Mbp（メガ塩基対）と表現される（1つのヌクレオチドは1つの塩基を持っており，それが情報の単位となるので，ゲノム情報の大きさは塩基数で表す．また，二本鎖DNAであるので，その情報は塩基の対として保存されているので，単位としては塩基対が用いられる）．メタノカルドコッカス・ヤナシー *Methanocaldococcus jannaschii* というメタン生成アーキアもインフルエンザ菌と同様のゲノムサイズを持っており，1996 年に全ゲノムが解読されている．その翌年には真核生物で初めての解読として，酵母（サッカロミセス・セレビシエ *Saccharomyces cerevise*）のゲノム情報が報告された．この酵母のゲノムサイズは，インフルエンザ菌のほぼ 7 倍にあたる 12 Mbp であった．

DNA 塩基配列決定の技術の進展と解読システムの自動化の開発により，多くの生物のゲノム情報が解読されており，ドラフト解析（完全とはいえないまでも完全に近い解読）を含め 3000 種以上の生物のゲノムが解読済みまたは解読中である．これらのゲノムサイズはバクテリアでもアーキアでも，真核生物やウイルスにおいても千差万別である（図 16）．

生物から取られた染色体を小さく剪断（せんだん）し，そのフラグメントをクローニングし，その配列を決定する．ゲノム解析のためには，これら剪断されたフラグメントの配列情報をつなぎ合わせる必要がある（これをアセンブルという）．分断化された配列情報を適切な順序でブロックのようにつなぎ合わせ，ふたたび完全な染色体を組み立てる作業である．自動化を含むゲノム解析技術は発展しており，生物のゲノム解析は速くかつ安くできるようになってきたので，さらなる進展が期待できるだろう．また機能解析のためには，つなぎ合わされた完全ゲノムの塩基配列情報からタンパク質をコードした領域を抽出する必要がある．このような領域はオープン・

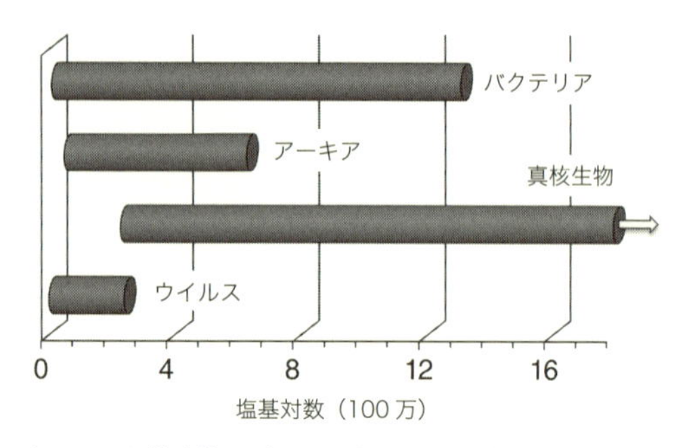

図 16　ウイルスと微生物のゲノムの大きさの比較．パンドラウイルスのゲノムサイズは小さなゲノムを持つバクテリアやアーキアのものより大きく，真核生物の中で最小のゲノムを持つ寄生性の単細胞真核生物である微胞子虫のそれに匹敵する．真核生物はより大きなゲノムサイズを持っており，ヒトやネズミ，トウモロコシなどはこのグラフの横軸の範囲を大きく超える数十億塩基対のゲノムを持っている．

リーディング・フレーム（ORF）とよばれ，それを自動的に検出・抽出するソフトウェアも開発されており，その改良が進められている．

遺伝子の発現は，そのプロセスに原核生物と真核生物で差違が見られるものの，すべての生物でその基本機構は共通である（図 17）．DNA にコード化された遺伝子（タンパク質など）の情報は，RNA ポリメラーゼという酵素によって RNA に写し取られる（これを**転写**という）．この転写によってつくられた RNA を，メッセージを携えているという意味を込めて，メッセンジャーRNA（mRMA）とよぶ．この mRMA はタンパク質合成の場であるリボソームに結合し，その情報が**翻訳**されてタンパク質がつくられる．DNA から

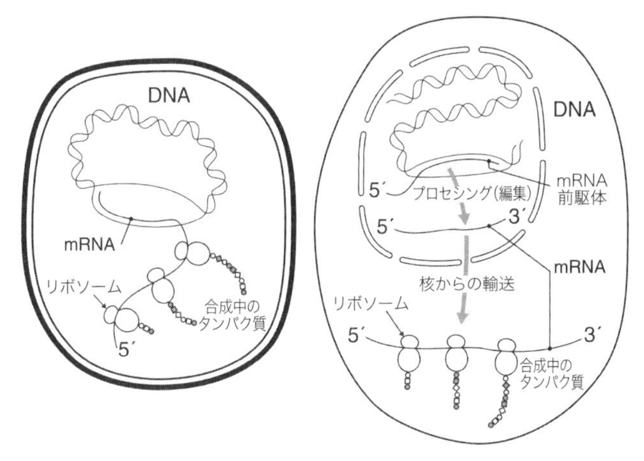

図 17　原核生物（左）と真核生物（右）の転写と翻訳メカニズム.

RNA を介してタンパク質まで情報が一方通行で流れることを，DNA の二重らせん構造の発見者のひとりであるフランシス・クリックは**セントラル・ドグマ**と名づけた（ドグマとは教義・原理の意）．これは 1957 年のことであり，この後このセントラル・ドグマに関する機構解明が開始され，この入り組んだ生化学的メカニズムがおもに大腸菌を用いた実験から明らかにされたのだ．

バクテリアの RNA ポリメラーゼは分子量が 40 万程度の巨大な分子であり，5 種類のサブユニットから構成されている．この酵素は，タンパク質をコードする遺伝子の上流（前方）にあるプロモーターとよばれる DNA 上の領域に結合する．転写を開始するためには，DNA の二重らせんを解き，塩基を露出させる必要がある．そこにタンパク質を合成するのに必要なアミノ酸を並べる順番を示した情報があるからだ．RNAポリメラーゼはDNAの二重らせんを緩めながら前進していく．この時，巻きを緩めた点から，転写終了の巻き戻し点までの間にらせんの緩んだ膨らみが生じることになる．この膨らみは転写バブルとよばれる．また，RNAポリメラーゼは二重らせんのうち一方の側の配列しか転写しない．また，転写された情報は，鋳型となったDNAの塩基配列と相補的な関係となる．

遺伝情報の保存媒体であるDNAは糖とリン酸，塩基からなる核酸の巨大高分子であり，それは4種類の異なる塩基を含んでいる．それぞれの塩基はアデニン，グアニン，チミンとシトシンである．一方，RNAはリボ核酸の高分子であり，含まれる塩基はアデニン，グアニン，（チミンではなく）ウラシルそしてシトシンである．これら塩基のうちアデニンとグアニンはプリン骨格を持った塩基であり，チミンやウラシル，シトシンはピリミジン骨格を持った塩基である．DNAの二重らせんでは，アデニンはチミンと，そしてグアニンはシトシンと相補的に水素結合している．

RNAポリメラーゼはDNAの塩基配列を一本鎖のRNAに転写する．その際，アデニンはウラシルに，チミンはアデニンに，グアニンはシトシンに，シトシンはグアニンに変換され，それぞれのリボヌクレオチドは共有結合によって強く結びつけられる．なお，RNAポリメラーゼは転写終了配列（ターミネーター）に出合ったところで転写を完了し，DNAから離れる．

大部分の遺伝子はタンパク質をコードしている．mRNA に転写された情報をタンパク質に翻訳する場はリボソームである．リボソームにはリボソーム RNA（rRNA）という 3 種類の RNA が存在している．この rRNA はタンパク質合成の活性に深く関与していると考えられている．また，タンパク質のブロックにあたるアミノ酸をリボソームに運ぶ役割を担っているのはトランスファーRNA（tRNA）である．生物種にもよるが 30〜45 種類程度の tRNA が存在しそれぞれ特定のアミノ酸と共有結合している．tRNA がリボソーム上で mRNA に転写された塩基配列情報に従ってアミノ酸を転移することによって，最終的にタンパク質が合成される．

また，tRNA と rRNA はバクテリアの中では 1 つの大きな RNA として転写され，転写後に切断編集（プロセシング）を受けて完成する．このような転写の単位をシストロンといい，転写単位中に複数の遺伝子を含む場合をポリシストロンとよぶ．これは複数の遺伝子が 1 つのプロモーターの支配を受けていることを示している（同時に転写制御が行われるゲノム上の領域を**オペロン**とよぶ）．アーキアの転写においても，バクテリアと同様に，ポリシストロンの mRNA がつくられる．

mRNA 情報の翻訳がリボソームで行われることは先に述べたが，では，そのタンパク質の情報はどのようなかたちで mRNA にコードされているのだろうか？　タンパク質はさまざまな種類のアミノ酸が直線上につながった基本構造を持つので，そのアミノ酸を配列する情報がコードされているのだ．それぞれのアミノ酸情報は3つのヌクレオチド，すなわち3つの塩基（トリプレット）によって決められている．これを**コドン**とよぶが，4種類ある塩基を3つ並べた場合の組み合わせの数は64種類となる．このうち終止コドンとよばれるタンパク合成の終点を示すものとして3つのコードが割り振られている．逆に開始コドンは，常にメチオニンが指定されており，残りの60個のコドンで特定のアミノ酸を指定していることになる．アミノ酸は22種類程度なので，1つのアミノ酸を複数のコドンが指定している．なお，一般的に生物においては60種類のコドンすべてを使うことはなく，30〜45個程度といわれている．また，利用されるコドンの頻度は生物によって偏りがあることが知られている．

この mRNA 上のコドンに対応する tRNA の相補配列をアンチコドンといい，tRNA が結合するアミノ酸の種類に呼応している．mRNA 上のコドンが UAU（ウラシル・アデニン・ウラシル）であれば，それに対応するアンチコドンは AUA（アデニン・ウラシル・アデニン）となり，そのアンチコドンを持つ tRNA が運搬するアミノ酸はチロシンなので，リボソーム上で合成中のタンパク質の鎖にチロシンが転移されることになる．mRNA 上に転写された遺伝子の情報が，それに対応するアンチコドンを持った tRNA が特定のアミノ酸を転移することにより，確実なタンパク質の合成が行われるのだ．

転写は DNA に結合したタンパク質によっても制御されている．真核生物ではヒストンとよばれるタンパク質に DNA

が巻き付いてコンパクトな形となっている．DNA は異なるいくつかの種類のヒストン複合体と結合し，糸の上にビーズを並べたように見えるヌクレオソームという構造体をつくる．ヌクレオソームはさらに凝集し繊維状構造を形成し，それらがより高密度に集合してよりコンパクトな構造体（すなわち染色体）となる．このような密に凝集した染色体は真核生物の細胞分裂時に目にすることができる．DNA が密に凝集している場合は，RNA ポリメラーゼは転写を行うことができない．転写のためには DNA の巻きを緩めることが必要である．なお，アーキアにおいても（一部を除き）真核生物のものと似たヒストン様タンパク質があることがわかっており，ヌクレオソームの観察例もある（ただし，真核生物のように高密度に凝集されているわけではない）．一方，バクテリアにおいては，一般的にヒストンは存在しないとされている．

遺伝子の発現を制御するメカニズム

遺伝子発現の制御に関係するタンパク質の多くは，特定の DNA 配列に結合し，単一の遺伝子の，またはともに転写される遺伝子オペロンの転写に影響を及ぼしている．ある種の遺伝子は常に転写され続けており，mRNA が絶えず供給されるために，そのタンパク質への翻訳が途絶えることはない．このような発現を**恒常的発現**とよぶが，これ以外の多くの遺伝子は環境の変化や細胞自体の要請によって発現のスイッチが切り替えられている．

バクテリアにおける誘導発現の古典的な実例は，ラクトース（乳糖）の利用に関係する3つの酵素遺伝子（*lacZ*，*lacY*，*lacA*）の発現の調節である．ラクトースは牛乳に含まれる二糖類である．この糖の分解や取り込みにかかわる3つの酵素の遺伝子は並んで染色体上に配置していて，その上流にあるプロモーターとオペレーターとよばれる2つの発現調節遺伝子とともに1つのオペロンを形成している．細胞の周囲にラクトースがない時には，3つの酵素遺伝子の発現は行われない（不必要な酵素を合成して無駄にエネルギーを消費してしまわないようにである）．それはリプレッサータンパク質(抑制タンパク質)がプロモーターのすぐ下流のオペレーターに結合し，RNAポリメラーゼによる転写を妨げているからである．しかし，ラクトースが利用可能な状況になった場合は，ラクトース（正しくはその異性体）がリプレッサータンパク質に結合し，それにより構造変化が起きて，リプレッサータンパク質はオペレーターに結合できなくなる．これにより，RNAポリメラーゼは妨害されることなく，転写を行うことができるようになる．

この*lac*オペロンの制御メカニズムの解明は，ラクトース代謝能を欠失させた大腸菌変異株を用いて1960年代に行われた．

ほかの遺伝子発現の調整は，ここで示したようなリプレッサーでの負の調節（抑制）よりも正の調節（活性化）のほうが多い．このような正の発現調節は，アクチベーターとよばれるRNAポリメラーゼとDNAの結合を促進する調節タンパク質によって行われている．

遺伝子発現はラクトースオペロンの調節とは異なるメカニズムでも制御されている．それはセンサータンパク質とレギュレータータンパク質という2つの成分が関係するため**二成分制御系**とよばれている．前者は環境変化を感知するはたらきを持ち，後者は転写を律する役割を担う．センサータンパク質はヒスチジンキナーゼとよばれるヒスチジン残基を含有する自己リン酸化を行う酵素であり，細胞膜に存在している．この酵素は外界からの刺激に反応して自らのヒスチジン残基をリン酸化する．このヒスチジン残基のリン酸は細胞質中にあるレギュレータータンパク質へ転移して，その構造を変化させる．構造変化により活性型となったレギュレータータンパク質は標的遺伝子の発現を促進（または抑制）するのだ．

ある種のバクテリアでは，塩濃度やpH，温度や栄養源の有無，そのほかさまざまな環境変化を感知する100を超える二成分制御系があるともいわれている．誘引物質へ向かう，または忌避物質から逃げる細胞の運動も，この洗練された二成分制御系がべん毛モーターに作用することによりコントロールされている．細胞周辺の液中でこれらの化学物質を検知すると，センサータンパク質の自己リン酸化が起きる．それがレギュレータータンパク質を活性化し，べん毛モーターの回転方向が決められるのだ．反時計回りであれば細胞は真っすぐに泳ぐし，時計回りであれば，細胞は回転し，進行する方向を変更することになる．この走化性とよばれる運動制御システムは，細胞の振る舞いとゲノムにコードされた個々のタンパク質との複雑な関係性をシンプルに示すことができる典型例といえるだろう．ヒスチジンキナーゼを含む二成分制御系は，真核生物ではあまり一般的ではないが，同様な機構が真菌類やそのほかの真核微生物の中で発見されている．

熱ショック応答も，細胞の活動を遺伝子発現によってコントロールしている一例である．熱ショックタンパク質はすべての生物が持っており，それらは熱（高温）や生命活動を危うくするストレスが引き金となり生産される．これら熱ショックタンパク質はシャペロンとして機能する．シャペロンとはタンパク質が適切に折りたたまれるよう支援し，タンパク質の変性を防ぐ分子である．タンパク質の折りたたみを**フォールディング**といい，適切に折りたたまれることによってタンパク質は機能を発揮する．熱ショックタンパク質は，熱により変性したタンパク質のフォールディングを適切にもどす役割を担っているのだ．

バクテリアやアーキアの熱ショックタンパク質をコードする遺伝子の発現はシグマ因子（σ^{32}）とよばれる温度に応答する転写制御因子によってコントロールされている．この熱ショックタンパク質のおかげで，原核生物は瞬間的な温度上昇やそのほかタンパク質を変性させるような化学物質の攻撃に耐え，生き残ることができる．われわれの体の中にもこれと同等の熱ショックタンパク質があり，心臓の血管の維持に役立ち，免疫システムの中でも重要な役割を担っていることが知られている．

バクテリアのゲノムは1つの環状DNA（染色体）として存在している．この環状DNAの複製は常に決まった位置――複製起点（*ori*C）――からはじまり，環の双方向に向けて進んでいく．複製でのDNA鎖の伸長は，DNAポリメラーゼが行う．新たなDNA鎖の伸長は二重らせんDNAの双方の鎖で同時に起き，最終的に完全に一致した2つの染色体がつくり出される．

DNAポリメラーゼは1秒間に1000個のヌクレオチドを付加する速度で伸長反応を進め，大腸菌の全染色体の複製は約40分で完了する．このDNA複製にはDNAポリメラーゼのほかにもいくつかの酵素が関係している．二重らせんを解いてポリメラーゼの進行を助けるヘリカーゼ，新たにつくられた鎖の先端をつないで環状にするDNAリガーゼなどである．

DNA複製の時に起きるエラーは突然変異の原因であるが，それはしばしば細胞死を引き起こしてしまう．このような意図しないエラーを修正するために，DNAポリメラーゼ自体に校正機構が備わっている．DNAポリメラーゼは，誤ったヌクレオチドによる二重らせんのひずみを検知すると，それを切り離し正しいものと置き換えることができるのだ．

アーキアのゲノムもバクテリアと同様に1つの環状DNAであるが，その複製開始地点が複数あるとの報告がある．これがバクテリアとアーキア間に多数見つかる分子遺伝学上の相違点のうちの1つである．アーキアの分子遺伝的性質はバクテリアよりも真核生物に近い．真核生物と同じタイプのDNAポリメラーゼをDNA複製に用いているばかりでなく，タンパク質合成にかかわる転写にも，バクテリアのものとは異なる，真核生物が持つ3つのタイプのうちの1つに酷似したRNAポリメラーゼを使っている．

アーキアの分子遺伝学的性質は真核生物に近いが，両者の間には大きな差違が認められる．第一の違いは染色体の構造であろう．真核生物の場合，染色体は複数の線状の形をとって，核の中に隔離されている．核の登場は細胞にとっての大変革であるといえる．それによってmRNAの合成（転写）とタンパク質の合成（翻訳）の場が分けられたからだ．タンパク質合成のために，mRNAは核膜の小孔を通って細胞質にあるリボソームに移動しなければならない（図17）．核内でmRNAを編集・修飾することで，真核生物細胞は転写と翻訳というプロセスをさらに高度に制御することが可能となったのである．

真核生物と原核生物とは遺伝子の構造や配置がまったく異なっている．また，原核生物の転写に見られる複数遺伝子が同時に転写されるようなオペロン構造も一般的に見られない．深海生物の遺伝子には合成されるタンパク質の情報をコードした領域（エクソン）の中に，それをコードしない――つまり，タンパク質に翻訳されない――領域（イントロン）が紛れ込んでいる．結果として，転写されたmRNAはエクソンとイントロンを含むことになる．転写後にイントロンはmRNA前駆体から切り放され，エクソン同士がつなぎ合わされる（スプライシング）．

このmRNAの切り出しやつなぎ合わせは，スプライソ

ソームとよばれるRNAとタンパク質からなる巨大な複合体によって行われる．また，核内において，mRNAはスプライシング以外の修飾も受ける．先頭にあたる5′末端へのキャップ構造の付加と，他端（3′末端）への100〜200のアデニン・ヌクレオチドが連なったポリ(A)鎖の付加である．このようなすべての編集を受けた後に，mRNAはリボソームのある細胞質にやっと移動できるのだ．キャップ構造やポリ(A)鎖はmRNAを保護し，分解から守る役割を持つ．また，遺伝子がイントロンを含みエクソンに分断されていて，エクソン同士がスプライシングされるというシステムは真核生物の進化に関して重要な意味を持つと考えられる．それは，エクソンの組み合わせが意図せず変化する余地があるからだ．

なお，バクテリアやアーキアには（ごく少数の例外はあるものの）イントロンは見られない．また，それらのmRNAに，真核生物のようなキャップ構造やポリ(A)鎖は見られない．ただし，原核生物起源の細胞内小器官であるミトコンドリアや葉緑体では短いポリ(A)鎖を持つmRNAが見つかっている．また，原核生物もRNAに短いポリ(A)鎖を付加するポリ(A)ポリメラーゼを持つことが知られているが，このポリ(A)鎖の付加はRNA分解を進めるためであると考えられている．

オミクス解析という新たな研究手法

生物学者は生物の表面上に現れる（目に見える）形質を**表現型**，生物の持つ一そろえの遺伝子に関しては**遺伝子型**とよぶ．この表現型と遺伝子型をつないでいるメカニズムを理解するための研究対象としては，多細胞生物よりもやはり単純な単細胞微生物のほうが適している．よって，このような研究は酵母やバクテリアなどの単細胞微生物を中心に行われている．

微生物の振る舞いや応答と遺伝子発現がどのように関連しているのかを知る方法として，トランスクリプトーム解析（トランスクリプトミクス）という手法が使われている．これはどのようなmRNAがどの程度発現しているのかを知る方法である．ガラスかプラスチックまたはシリコンのチップ上に断片化したゲノムDNA（これらはすべてどのような遺伝子がそこにあるのか明らかとなっている）を顕微鏡でしか見えないほどの大きさの微小ドットで印字（文字どおり，チップの作成にはインクジェットプリンタと同様の技術が用いられている）する．このドットは小さいので多くの数を2次元に並べることができる（これをマイクロアレイとよぶ）．ある条件下でそれに応答している生物のmRNAを回収し，蛍光で標識した後，このチップ上で反応させると，そのmRNAは相補的な配列を持つDNA断片（微小ドット）に結合することになる．結合したmRNAは蛍光標識されているので，蛍光顕微鏡下でそれが光っているのが確認できる．どの微小ドットが光っているのか，そしてどれだけ光っているのか光量まで測定できる．微小ドットにはどのような遺伝子があるのかはあらかじめわかっているので，これによりどの遺伝子がどれだけの量が転写されたのかを知ることができる．このスナップショットをほかの条件で得られたものと比較することにより，微生物が特定の立ち振る舞いをする際に，またはある環境変化に応答する際に，どのような遺伝子の発現量が増え，または減り，あるいは変わらなかったのかがわかるのである．

また，そのmRNAを翻訳することで細胞内に合成された全タンパク質を，質量分析機で解析する研究もある（これをプロテオミクスという）．さらには，そのタンパク質の酵素活性に基づいて生産された細胞内の代謝産物を解析することも可能だ（これをメタボロミクスという）．これらから得られる膨大な情報を解析するためにはコンピュータ・サイエンスの専門家も必要となり，その学際的研究がバイオインフォマティクスとよばれる分野である．

mRNAを解析するトランスクリプトミクス，全タンパク質の同定と定量を行うプロテオミクス，そして代謝産物を網羅的に調べるメタボロミクス，加えて全遺伝子の解析であるゲノム解析（ゲノミクス）はすべて-omicsの語尾を持つので，これらをまとめてオミクス解析とよばれる．これらすべてのオミクス解析を協調的に進めていくことで，生物の発達ステージの違いにより，そして生物が環境変化に遭遇した時に，どのように遺伝子が発現し，どのような代謝学的変化が生じたのかを網羅的かつ詳細に理解できるのだ．

原核生物と真核微生物のゲノム

真核生物のゲノムが多くの非翻訳領域を含んでいるのとは違い，原核生物の場合，そのゲノムの90％以上が確実に何某かのタンパク質をコードし，無駄の少ないつくりになっている．他者の細胞内にすむ寄生性や共生性の原核生物では，ゲノム情報は整理され，そのサイズはさらに小さくなる．原核生物で最大のゲノムサイズを持つのは，土壌中にすむミクソバクテリアのソランジウム・セルロサム *Sorangium cellulosum* でコードされている遺伝子数は 11599 個だ．一方，セミの細胞に共生するホジキニア・シカディコラ *Candidatus* Hodgkinia cicadicola（*Candidatus* は暫定的な学名を表す）の遺伝子数はたったの 169 個しかない．このような遺伝子の大量喪失は細胞共生性の原核生物に共通する性質である．かつては自由生活するバクテリアであったが，細胞内共生を経て細胞内小器官となったミトコンドリアや葉緑体においても遺伝子の喪失は同様に起きている．そもそも小さなゲノムを持つマイコバクテリウム・ゲニタリウム *Mycobacterium genitalium* を用いた遺伝子破壊の実験から，このバクテリアが生育するのに必要最小限の遺伝子数は 250〜300 と予想されている．

一方，真核微生物のゲノムは原核生物に比べ大きい．また，ゲノムサイズも多様だが，非翻訳領域を多く含んでいるので，そのサイズから遺伝子の数を推し測るのは無理である．真核生物の中でも比較的コンパクトなゲノムを持つ酵母でも，その 1/3 が非翻訳領域なのである．

酵母のゲノムは 16 個の染色体からなっており，6000 個の遺伝子がコードされている．また，そのうちの 30％はヒトの遺伝子と相同であり，それらは共通の祖先から種分化した後もずっと保持されてきた遺伝子であるといえる．細胞性粘菌のキイロタマホコリカビ *Dictyostelium discoideum* のゲノムサイズは酵母の 3 倍あり，遺伝子数も 2 倍である（ただし，ゲノムの40%は非翻訳領域である）．ほかの真核微生物のゲノムはもっと雑然としている．オオアメーバ（アメーバ・プロテウス *Dictyostelium discoideum*）は核の中に500～1000個の染色体を詰め込んでおり，大量のDNAを保持していることに疑いはない．また，ポリカオス・ドゥビウム *Polychaos dubium* というアメーバの仲間はヒトのゲノムの200倍以上のDNAを核内に持っていることが報告されている．ただ，これら大型の原生生物にはポリプロイディ（多倍数性：核の中に同一のゲノムセットのコピーを多数保持すること）という性質が共通してあり，そのDNA全体を1つのゲノムと判断するのは注意が必要であろう．

タンパク質をコードしていないDNAの一部はRNAとして転写された状態で機能を持つ．タンパク質の合成に欠かすことのできないリボソームRNAやトランスファーRNAがそれにあたる．また，遺伝子の発現を調節するRNA分子（リボスイッチ）も存在する．そのほかの非翻訳領域にあたるのは遺伝子の中に挿入されたイントロンとよばれる配列である．

タンパク質も機能性を持ったRNA分子もコードしていないDNAはジャンクDNAとよばれてきた．その中には，冗長な繰り返し配列や機能を失った遺伝子配列（これは**偽遺伝子**とよばれる）などが含まれる．遺伝子が機能を失うのは，その生物のゲノムの進化の長い歴史の中での結果であったり，ウイルスの侵入によって突如今までの機能を失ってしまったことによるのだろう．ただし，ジャンクDNAに関しての詳細な研究は行われておらず，ゆえに未開拓の領域ということはできないだろうか．全ゲノム解析は依然，現代微生物学の重要なミッションであり，このような遺伝学的研究が，非翻訳領域の役割について，たとえば病原性や生態学的役割，生物工学的潜在能力，または生物の進化にかかわる重要な情報をもたらしてくれることを期待したい．

遺伝子の突然変異

遺伝にかかわるすべての物質は突然変異する脆弱（ぜいじゃく）性をはらんでいる．だが，自然に起きる突然変異は進化の重要な役割を演じているのだ．DNA上で起きる一点変異はその対になる塩基にまで影響する．このような塩基対の置換はさまざまな効果を及ぼす可能性がある．転写や翻訳を阻害したり，あるいは機能を持たないタンパク質の合成の原因となるのだ．もし，この変異がアミノ酸を指定するトリプレットの中で起き，かつそのアミノ酸指定を変えないのだとしたら（先にも述べたが，アミノ酸によっては複数のトリプレットが同一のものを指定しているからだ），その変異は翻訳されたタンパク質の機能に何の影響も与えない．このような変異をサイレント変異とよぶ．

では，塩基対の付加や削除が，またはある程度の長さの塩基断片の脱落が，コード領域の中で起こったとしたらどうなるだろう．このような場合は，かなりの被害が生じることになるだろう．１つまたは同一オペロン内の複数の遺伝子の発現が不能になる可能性が大きいからだ．

微生物研究や発酵生産の開発現場では，変異誘発物質や紫外線，放射線などを用いた意図的な変異誘発が何十年も行われてきた．これによって起きる変異はランダムであるが，この手法によって膨大な数の突然変異体のライブラリ（コレクション）をつくることができる．その中から特定の遺伝子の発現が止まった，または遺伝子自体が破壊されたものを選び出し，研究や発酵生産の改良につなげるのだ．このようなランダムな変異を誘発する方法ではなく，狙った遺伝子を直接変異させる**部位特異的突然変異誘発**というやり方も，昨今の分子遺伝学や遺伝子工学の研究開発の分野では一般的な方法となってきている．

遺伝子の改変は，バクテリアやアーキア，真核微生物の中で，自然に発生している．細胞から放出されたDNAの断片が，別の細胞に取り込まれることによって形質転換は起きる．外来のDNA断片の染色体への組み込みにはRecAタンパク質という相同組換えを触媒する組換え酵素（リコンビナーゼ）がかかわっている．当然，このような形質転換の自然界での頻度はあまり高くはない．しかし，実験条件を整えることにより，大きく加速することが可能となる．また，別の遺伝子改変メカニズムとして，形質導入がある．形質導入とはウイルス（バクテリオファージ）がDNAを運ぶ現象であり，自然界における遺伝子改変を説明するのに重要な現象であるといえるだろう．

バクテリアの接合も，細胞間でのDNAの交換が行われる現象である．接合は性繊毛とよばれる細い管で細胞同士がつながることではじまる．性繊毛はピリンとよばれるタンパク質ユニットの重合体である．性繊毛でつながった2つの細胞は，性繊毛のタンパク質ユニットの分解に伴って徐々にたがいの距離を近づけて，やがて細胞同士は小さな孔を介してつながることになる．DNAはこの孔を通って受け渡されるのだ．この接合で移動するDNAはプラスミドとよばれる小さな環状DNAである．プラスミドは染色体とは別の付属DNAであり，1つの細胞内に数個から数十個存在する．また，遺伝子工学用に改変されたプラスミドは1細胞あたり100コピー以上存在することも可能である．このプラスミドはしばしば抗生物質耐性にかかわる遺伝子を含んでおり，抗生物質への耐性能を細胞間で伝搬することが知られている．また，病原性にかかわる遺伝子を持つプラスミドもあり，これが伝搬されることによって宿主への定着や侵入などの病毒性が上昇することになる．

ゲノム上を動き回ることのできるDNA配列も見つかっていて，この**動く遺伝子**は転位因子またはトランスポゾンとよばれる．トランスポゾンはすべての生物のゲノムで見つかっており，生物の進化に重要な役割を担っていると考えられている．原核生物では，薬剤耐性遺伝子などを転移するトランスポゾンもある．

トランスポゾンにはDNA断片転移するだけのDNA型（トランスポゾン）と逆転写反応を行うRNA型（レトロトランスポゾン）がある．前者は自らのDNA配列を切りだし，別の場所に再挿入することにより移動するものであり（カット＆ペースト），後者は自らのDNA配列を転写した

RNA配列を，逆転写によりコピーして，ゲノム上の別の位置に挿入することで移動する（コピー&ペースト）．レトロトランスポゾンの転移は増殖であり，その起源はレトロウイルス（ヒト免疫不全ウイルスなどの自らの逆転写酵素を使ってDNAに逆転写し増殖するRNAウイルス）であると考えられている．これらトランスポゾンは，多くの場合，その転移によって細胞に悪い影響を与えることはない．しかし，転移がタンパク質のコード領域内（機能遺伝子の内部）で起きてしまった場合には，その遺伝子の情報がかく乱され，結果そのタンパク質の生産ができなくなってしまうことがある．遺伝子工学の分野では，このようなやり方で遺伝子の発現を止める技術（ノックアウト）が用いられている．

真核生物の有性生殖

原核生物の増殖は常に無性的（クローン増殖）である．接合など細胞間で遺伝子を交換することはできるが，全ゲノム（染色体）を組み合わせたりすることはない．一方，真核生物には有性生殖という増殖様式があり，その際にすべてゲノムが細胞間で交換されることになる．

酵母のサッカロミセス・セレビシエ *Saccharomyces cerevisiae* は細胞に1セットの染色体を持つ．この状態を半数体（ハプロイド）とよび，サッカロミセスは半数体のまま有糸分裂を行い，出芽によって無性的に増殖を繰り返す（図18）．しかし，この酵母はα型とa型という2つの接合型（動物でいえば，オスとメスにあたる）があり，それらは融合して2つのセットの染色体を持った細胞になることができる（倍数体，

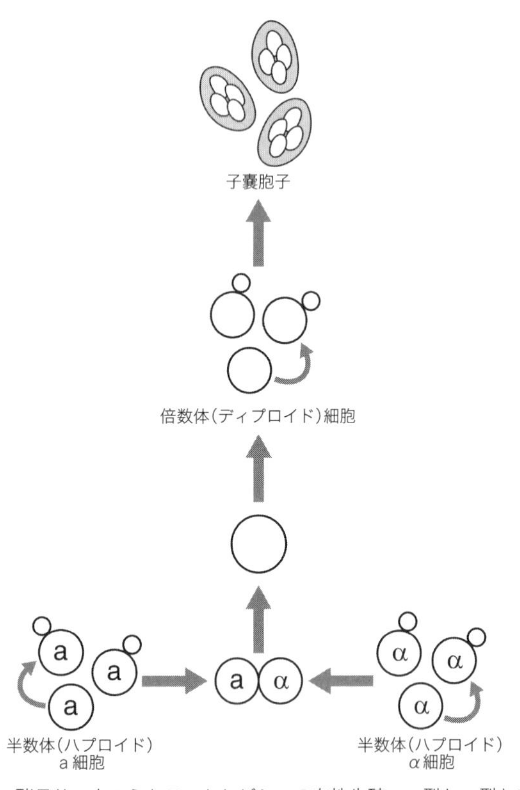

図 18　酵母サッカロミセス・セレビシエの有性生殖．α 型と a 型という 2 つの接合型があり，それらが融合する．

ディプロイド）．この倍数体細胞は減数分裂をして，4つの半数体細胞（胞子）をつくり出す．なお，減数分裂とは精子や卵子などの配偶子をつくり出す分裂様式であり，サッカロミセスの胞子の細胞もこれにあたる．サッカロミセスは子嚢菌であり，それがつくり出す胞子を子嚢胞子とよぶ．この子嚢胞子は厳しい環境に耐えることができるが，環境が望ましい状態にもどると，発芽して交配によって生じた新しい酵母の細胞を放出する．放出された細胞は出芽による無性的増殖を開始するのである．

糸状菌である接合菌の生活環はもう少し複雑である．接合菌は糸状の菌糸を伸ばしてコロニーを形成し，そこで接合胞子という有性胞子をつくる（図19）．この接合胞子は異なる接合型のコロニー間での接合のためのものだ．接合プロセスはたくさんの段階を経て行われるが，接合型の感知に関しては揮発性のホルモン（性ホルモン，すなわちフェロモンである）が関係しているという．

キノコの仲間を含む担子菌では，異なる接合型のコロニー間の菌糸の細胞同士が融合する．ただし，異なる接合型の核同士は融合することなく，2つの核として細胞内に残る．これらの核が融合するのは，子実体（キノコ）の形成後であり，そこで核の融合と減数分裂が起きて4つの半数体細胞がつくられ，それを詰め込んだ担子胞子が完成する．そして，担子胞子はキノコから周囲に散布されるのである．

真菌類以外の真核微生物でも有性生殖の機構解明は進められている．細胞性粘菌のキイロタマホコリカビも有性的生活

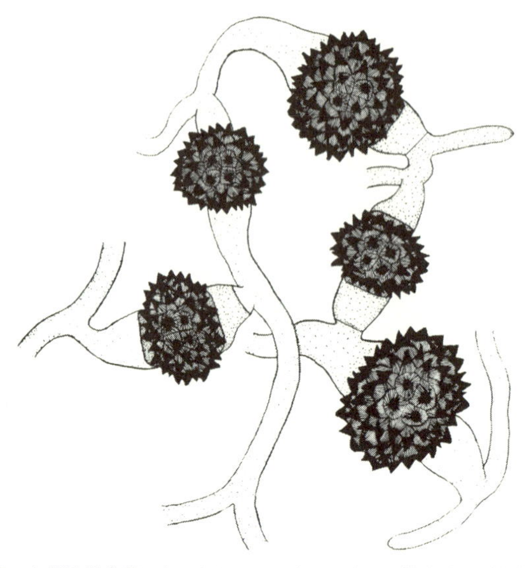

図 19　糸状性接合菌コケロミセス・レクルバタスの接合胞子（有性胞子）.

環を持っている．相補的な交配型の細胞同士が融合し，集団内のほかの細胞を分解して，シストとよばれる巨大な休眠構造体にまで成長する．好環境でこのシストは発芽し，新たな染色体の組み合わせを持った次世代の細胞を放出するのである．

これ以外，多くの真核微生物での有性生殖に関する詳細な報告はない．しかし，これはそれらが有性生殖を行っていないことを示しているわけではない．表面上は無性的生活環で生きているように見える真核微生物であったとしても，自然界では有性生殖を行っているに違いない．それがたんに研究室で再現できないという理由から，詳細な研究がなされてこなかったというのが理由なのだ．ゲノムを対象とした解析が，この謎だらけの真核微生物の有性生殖を解明してくれるはずだ．腸管寄生性の赤痢アメーバ（エントアメーバ・ヒストリチカ *Entamoeba histolytica*）は有性生殖をしないと考えられてきたが，遺伝学的解析からそのゲノムが減数分裂のための遺伝子を含んでいることが明らかとなっている．これは赤痢アメーバが有性生殖を行うことを示唆するものだ．

単独の種を対象としたゲノム解析だけではなく，微生物学者は環境中のすべての微生物の多様なゲノムを一気に解析する方法を開発している．メタゲノム解析とよばれる研究アプローチがそれである．このメタゲノム解析は，さまざまな水界の環境中に，土壌の中に，さらにはヒトの腸内に，予期せぬほどに膨大な種類の微生物がひそんでいたことを明らかにしてきた．メタゲノム解析は，環境試料を顕微鏡で観察したり，そこから微生物を分離培養したりという手間や時間のかかる作業を行うことなく進行する迅速で洗練された研究方法である．この研究をさらに進めることにより，環境中のすべてのゲノム情報が明らかにされていくことだろう．それが解明する膨大な遺伝情報の中には，今まで知られているいかなる遺伝子にも似ていない新たな遺伝子配列や，その存在に誰も気づかなかった新規の生物の存在を示すものが含まれているに違いない．

第4章
ウイルス

ウイルスは細胞に感染する小さな存在であり，地球上の総生物量のほんのわずかな部分を占めるにすぎない．だが，ウイルスは最も数の多い遺伝情報の担い手であり，細胞からなる生物（細胞生物）の数をはるかに上回る．ちなみに，海洋でのウイルスと細胞生物との存在比は15対1であるという．

病原性のあるウイルスは地球上のどこにでもいて，われわれの生活にも地球規模での風邪の蔓延からアフリカでのエボラ出血熱の発生の恐怖までさまざまな悪影響を与え続けている．ウイルス感染を予防するワクチン接種は近代医療の恩恵の1つであり，またB型またはC型肝炎ウイルスやヘルペスウイルス，そしてヒト免疫不全ウイルス（HIV）による慢性的なウイルス感染に関しても効果的な治療法が開発されてきている．それにもかかわらず，ウイルス感染によって毎年数百万人の命が奪われ続けている．

ウイルスはわれわれの健康に与える以上の影響を，生物圏に存在するすべての生物やそれらによる栄養源の循環に与えている．ウイルスはバクテリアやアーキア，そして真核生物を殺すことによって，それらの数をコントロールしており，その破壊力をもって細胞を分解し，その分解物を膨大な量の栄養源として水界や土壌中の生態系に解放する．

メタゲノム解析によって驚異的なウイルスの多様性が明らかになっており，われわれはウイルスに対するとらえ方を根底から変える必要に迫られている．全生物のゲノムの至るところに膨大な数のウイルス遺伝子が存在するという事実は原核生物や真核生物の進化にウイルスが大きな影響を与えてきたことを示す実例であろう．そして，ウイルス自体の起源に関する研究は，今まさにはじめられたばかりである．

ウイルス学の夜明け

ウイルス学は細菌学より若い研究分野である．ウイルスの存在が予言されたのは，伝染性の病気を引き起こす病原菌の研究が大きく発展したその後のことである．コッホの原則（第１章）に則って，当時の伝染病の研究は進められた．感染した実験動物からバクテリアを分離し，それを純粋培養する．培養したバクテリアを健康な実験動物に接種して同じ感染症が発症した場合，分離培養されたそのバクテリアが伝染病の病原菌（伝染因子）として実証されたことになるというのがその原則である．しかし，このやり方では，天然痘（てんねんとう）や狂犬病などの伝染病の病原菌は発見されることはなく，バクテリアではない何かほかのものが伝染因子となっていることが示唆された．これら伝染病の伝染因子はウイルスだった．この方法ではウイルスの純粋培養は不可能である．それらは増殖するために生きている細胞を必要とするからだ．

ウイルスの詳細な性質が明らかになるのは20世紀になってからだが，健康な者の皮膚を引っかいて天然痘患者の膿(うみ)を接種し，その感染を予防する療法が3000年前のインドや中国ではすでに行われていたという．エドワード・ジェンナーによって安全性の高い天然痘の予防接種が開発されたのは1790年代のことである．ジェンナーは危険の大きい天然痘ウイルスではなく，ウシに感染する牛痘ウイルスをワクチンとして用いたのだった．この100年後，ルイ・パスツールは狂犬病のワクチンをそれに感染したウサギの脳から調整することに成功した．ウイルスについての理解が大きく進歩したのは19世紀も終わる頃であった．ある種の伝染因子がバクテリアを除去する細かいフィルターでは取り除けないことが明らかになったのだ．この発見は，タバコの葉に斑入りや萎縮を生じさせるタバコモザイク病を引き起こす伝染因子を研究している過程で得られたものだ．タバコモザイク病の病原体であるタバコモザイクウイルスの構造が電子顕微鏡を用いて明らかとなり，またウイルスを構成する化学成分が解明されたのは，1930年代になってからである．

ウイルスの構造

ウイルスの構造は原核生物の細胞よりもはるかに単純である．ウイルスのゲノムは1本あるいは複数のDNAまたは

RNA 分子であり，カプシドとよばれるタンパク質がそれを覆っている（第 1 章図 8 参照）．このカプシドはカプソメアというタンパク質サブユニット（構成単位）によって構成されている．ウイルスの基本構造は，このようなタンパク質の殻を持った核酸であるが，カプシドの外側に脂質二重膜の外套（エンベロープ）をまとっているものも数多くあり，またカプシドの中に酵素が含まれている場合もある．このような完全な構造を持ったウイルス粒子をビリオンとよぶ．

タンパク質サブユニット（カプソメア）は集まって正二十面体やらせん状の配置をとり，さまざまな大きさのカプシドを形成する．正二十面体構造は 20 個の三角形の面から構成される．仮に 3 つのタンパク質で三角形の 1 面がつくられているのだとしたら，カプシド全体では 60 個のタンパク質ユニットを含むことになるが，ほとんどのウイルスのカプシドは 60 個以上のタンパク質ユニットから構成されている．このカプシドの驚くべき特徴は，その形成にエネルギーの投入を要しないということだ．感染した細胞内で合成されたタンパク質ユニットは，自然と集まって結合し，高度な構造の正二十面体を何の助けも借りずに，自らつくり上げる．このメカニズムは自己集合とよばれるが，このカプシドの“成長”は化学物質の結晶化の過程にも似る．

最も単純な構造を持つカプシドは 1 種類のタンパク質が多数集まって形成されている．長さ 300 nm，直径約 18 nm の棒状の構造を持つタバコモザイクウイルスのカプシドは 1 種類のタンパク質サブユニットが 2130 個集まったものである．

この形成はこのウイルスの一本鎖のRNAとタンパク質サブユニットの自己集合による．タンパク質サブユニットはRNA分子のまわりにらせんを描くように結合している．その1周は約17個（より正確には16.3個）のタンパク質サブユニットによって形成されており，その中心にはRNAが入るための穴が空いている．その形状はボルト止めに使う割り座金（スプリング・ワッシャー）にも似る．この構造体がたがいに結合して重なることにより，長さ300 nmにも及ぶタバコモザイクウイルスができあがるのだ．

これより複雑な構造を持つウイルスのカプシドは，1種類ではなく複数のタンパク質ユニットからなる．風邪の原因となるライノウイルスやポリオ（急性灰白髄炎）を引き起こすポリオウイルスなどのピコルナウイルスの場合は，4種類のタンパク質サブユニットが60組集まって，より複雑な正二十面体のカプシドが形成される．4種類のうち3種類のタンパク質サブユニットが事前に五量体を形成し，それが結合し合ってカプシドが組み立てられるのだ．タバコモザイクウイルスではRNA分子のまわりにタンパク質サブユニットが集合していくが，ピコルナウイルスでは先に正二十面体のカプシドが形成された後に，その中にゲノム（RNA分子）が取り込まれるという過程を経る．アデノウイルスのカプシドはさらに複雑であり，基本的に7種類のタンパク質サブユニットから構成されている．また，正二十面体の各角から長いタンパク質の突起を伸ばしている．

このカプシドを形成するタンパク質のほかに，成熟したウイルス粒子の中に酵素タンパク質を含むものがある．これら酵素は感染の後の次なるステージではたらくさまざまな機能を担っている．

また，ウイルスの中にはエンベロープとよばれる脂質二重膜をカプシドの外側に持つウイルスもある．この脂質二重膜は宿主の細胞から飛び出すときに，宿主の細胞膜を拝借したものである．ウイルスのエンベロープはスパイクともよばれる糖タンパク質（糖鎖で修飾されたタンパク質）が含まれている．これらエンベロープタンパク質はウイスルゲノムにコードされたものであり，宿主細胞への吸着や侵入に役立っている．また，これらの糖タンパク質は，宿主の免疫機能をだます目的にも使われている．免疫かく乱の機構のうちの1つがグリカン・シールディング（糖鎖による遮蔽）である．宿主の抗体が認識しがたい糖鎖を持つエンベロープタンパク質を持つことによって，抗体のエンベロープ表面への結合を阻害するのだ．

ウイルスの侵入と増殖

ウイルスの糖タンパク質が宿主細胞への侵入や免疫システムかく乱にどのように関係するのか，ヒト免疫不全ウイルス（HIV）を例にとって説明しよう．HIVのエンベロープには表面に突き出したgp120とそれを膜につないでいるgp41という2種類の糖タンパク質がある．HIVの宿主細胞への侵入はgp120が宿主細胞表面のCD4受容タンパク質に結合することからはじまる．これは鍵と錠の関係にたとえられる．gp120という鍵が，CD4という宿主細胞の錠を開けて，その中へと侵入するのだ．また，このgp120の抗体のターゲットとなるタンパク質部位は糖鎖によって完全に包み隠されていて，宿主からの抗体による攻撃をかわすことができるのだ．ウイルスの侵入と増殖に重要なこれら糖タンパク質は，同時にHIVに対するワクチン開発の絶好のターゲットにもなる．しかし，残念なことに，この糖タンパク質はウイルスの急速な進化のもと，頻繁に変化しており，研究者にその的を絞らせることがない．HIVだけではなく，そのほかのウイルスの糖タンパク質もまた，免疫による宿主の防御システムを同様に妨害することが知られている．

自らの増殖に生きている細胞を必要とすることは，すべてのウイルスが持つ特徴である．原核生物や真核生物の細胞は二分裂や有糸分裂によって自分自身の完璧なコピーをつくり出すことができるが，ウイルスは単独でそれを行うことができない．極限までそぎ落とされた遺伝情報しか持ち合わせていないウイルスは，感染した細胞の持つ核酸やタンパク質の合成メカニズムを利用して増殖するしかない．

ウイルスがほかの細胞を利用して増殖するプロセスは，吸着，侵入，合成，集合，そして放出の5つのステップに分けることができる（図20）．吸着から放出までにかかる時間は，バクテリアに感染するバクテリオファージで20分程度，動物に感染するウイルスの中で最も遅いもので40時間程度である．

ウイルスの細胞への吸着は，ウイルス表面のタンパク質，糖タンパク質，または脂質と宿主細胞の表面に存在する特定

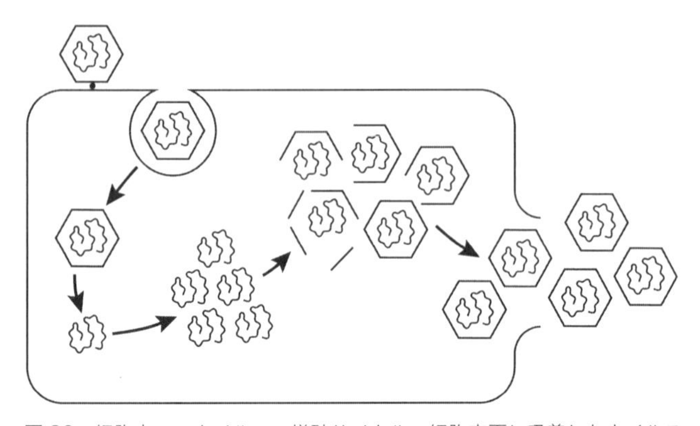

図 20　細胞内でのウイルスの増殖サイクル．細胞表面に吸着したウイルス粒子は細胞の食作用（エンドサイトーシス）を介して細胞内に侵入すると，覆っていたカプシドは分解されて，裸のウイルスゲノムが遊離する．ウイルスゲノム情報に基づいて，ゲノム自体とカプシドタンパク質が細胞内の転写・翻訳機構によって合成され，自己集合して大量のウイルス粒子となる．この次世代のウイルス粒子は細胞を溶解し外へ飛び出す．

の分子との相互作用に依存している．ウイルス吸着の標的となる宿主細胞表面の分子をレセプターとよぶが，これとウイルス表面の分子がぴったりと対応していることが吸着にとって重要なのだ（先に述べたHIVの表面分子gp120と宿主細胞上のCD4の関係がそうだ）．そして，このことがウイルスが特定の宿主しか攻撃しない理由の1つである．

吸着したウイルスは，そのゲノム（核酸）あるいはウイルス粒子全体を宿主細胞内に移動させる．このステップが侵入である．バクテリアに感染するバクテリオファージの場合，ウイルス本体は宿主細胞の表面に残り，ゲノムDNAだけが細胞内に注入される．バクテリオファージに見られる特殊な形状は，アポロ11号の月着陸船を思い起こさせる（図21）．

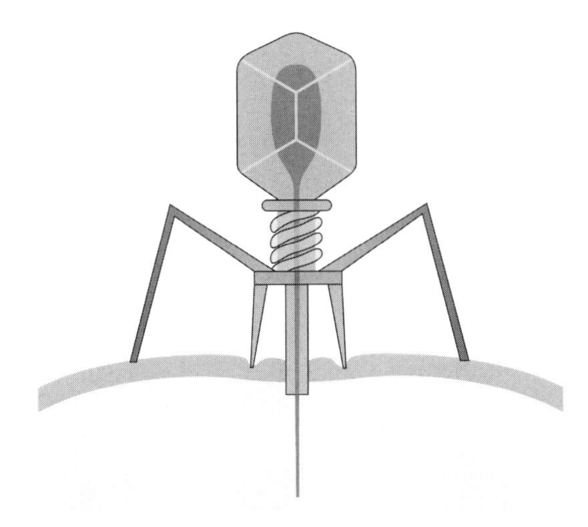

図21　宿主であるバクテリアの細胞にDNAを注入するバクテリオファージ.

しかし，動物細胞へ感染するウイルスの侵入プロセスはこれとは異なっている．動物ウイルスの場合，宿主細胞のエンドサイトーシス（細胞内取り込み作用）によって，その粒子全体——カプシドとそれに包まれたウイルスゲノム——が細胞内に取り込まれるのだ（図20）．細胞内に取り込まれたウイルス粒子の殻であるカプシドは，宿主細胞内でいったん分解されて（脱殻），裸のウイルスゲノムが遊離することになる．

侵入に続く合成のステップで，ウイルスゲノムにコードされたタンパク質が宿主細胞内で生産される．この時に合成されるウイルスタンパク質には2つの種類がある．ウイルスゲノムを複製するのに不可欠なタンパク質とウイルス粒子を構成するのに必要なタンパク質だ．ウイルスの感染によって宿主細胞の通常の転写・翻訳機構はかく乱され，おもにウイルスが増殖するために必要な構成成分の合成に向けられる．ウイルス感染においては，ウイルスゲノムが宿主の合成システムを支配し，この寄生的な関係を維持していく．

カプシドを構成するタンパク質サブユニットの集合とウイルスゲノムの詰め込み（パッケージング）は，自己集合化によって宿主細胞内で自動的に行われる．集合プロセスが完了すると，数百数千のウイルスが細胞外に放出されることになる．ウイルスが宿主細胞を破壊して飛び出すばかりではなく，宿主細胞のエキソサイトーシス（開口放出）という機構を利用してウイルス粒子が放出される場合もある．図21に示した尾部（細胞に吸着するための脚）を持ったバクテリオファージのゲノムには，宿主細胞の細胞壁（ペプチドグリカン）を分解する酵素もコードされている．

多細胞生物へ感染するウイルスの場合，それを受容する細胞への侵入の前に，生物の組織に入り込むため表皮という障壁を越える必要がある．動物の皮膚の傷や植物表皮の剥離した箇所から入り込むという方法がその1つだ．昆虫やダニが動植物のウイルス伝染の媒介者としてはたらいている例も多い．おもにアフリカ大陸で流行している黄熱は蚊によって媒介され，毎年何万人もの命を奪っている．そのほかに蚊が媒介するウイルス感染症にはデング熱や西ナイル熱がある．1930年代にウガンダにおいてはじめて発見された西ナイル熱は，1999年にはアメリカ合衆国に上陸している．これらはともに熱帯起源ではあるが，地球規模での感染拡大が危惧されている感染症である．黄熱やデング熱，西ナイル熱の病原体は，すべてフラビウイルスに分類されるRNAウイルスである．

このほかにヒトへのウイルスの感染経路としては，ウイルス粒子を含んだ飛沫（ひまつ）を吸い込むことによって起きる飛沫感染，性的接触を含む直接的または間接的行為を通じ，体液を介して感染する接触感染，また汚染された注射針を介しての感染も知られている．なお，植物のウイルス感染では，アブラムシが重要な媒介者の１つである．

ウイルスは単独での培養はできないので，ウイルス学者たちは微生物や動物細胞の培養物，または実験動植物そのものを用いてウイルスを育てている．バクテリアに感染するバクテリオファージの数を数えるのには純粋培養したバクテリアが用いられる．寒天によってゆるく固めた培地の中にバクテリアとバクテリオファージを混合して培養するのだ．寒天内でバクテリアは増殖し，コロニーとよばれる目に見える細菌塊を形成するが，それらがウイルスの感染により溶菌してしまった場合には，コロニーがあった部分が透明に透けて見えることになる．これはプラークとよばれるが，バクテリアがウイルス感染によって死滅したことを示すものだ．これらプラークは１つのウイルス粒子が増殖したことによって引き起こされたものである．このプラークの数をプラーク形成単位（Plaque Formation Unit：PFU）とよび，これから原サンプル中のウイルス数が計算されることになる．

動物ウイルスの研究には，動物の細胞培養が広く使われている．また，このような細胞培養が効果的でない場合には，マウスなどの実験動物が用いられる．動物ウイルス学の研究では，倫理的問題に抵触しない範囲で，実験動物が使用されているのだ．また，植物ウイルスの研究においても，植物体そのものだけでなく，その組織培養も有効に利用されている．

ウイルスの分類体系――ボルチモア分類

ウイルスの分類はゲノムの核酸のタイプと発現様式によって分類される．このゲノム構造に基づく分類は一見難解とも思えるが，ウイルスの形や大きさ，または宿主や疾病の種類を指標とした分類よりも客観的で意義がある．この分類法では，すべてのウイルスはI〜VIIまでの7群に分けられる（表1，ボルチモア分類）．第I群は二本鎖DNAをゲノムとして持つグループだ．ヘルペスウイルスや天然痘ウイルスがこのグループに属している．これらの二本鎖DNAゲノムは宿主細胞が行っているのと同じやり方で，細胞内で転写・翻訳される（第3章）．

一方，第II群のウイルスは一本鎖のDNAしか持っていない．このグループのものは侵入後に，まず相補的なDNA鎖を合成し，二本鎖になる必要がある．宿主細胞内の転写を担うRNAポリメラーゼは二本鎖DNAからしかRNA分子を生成できないからだ．この第II群には，ヒトへの感染はないが，イヌやネコに致死的な疾病を引き起こすパルボウイルス

表1　ゲノムの種類と複製・発現様式に基づいたウイルスの分類

群	ゲノム		属するウイルス
第Ⅰ群	二本鎖 DNA		ヘルペスウイルス，天然痘ウイルス
第Ⅱ群	一本鎖 DNA		パルボウイルス
第Ⅲ群	二本鎖 RNA		レオウイルス
第Ⅳ群	一本鎖 RNA	(＋)鎖	コロナウイルス，ピコルナウイルス
第Ⅴ群	一本鎖 RNA	(－)鎖	狂犬病ウイルス，フィロウイルス，パラミクソウイルス
第Ⅵ群	一本鎖 RNA	逆転写	レトロウイルス
第Ⅶ群	二本鎖 DNA	逆転写	B 型肝炎ウイルス

が含まれている．

1. RNA をゲノムとして持つウイルス

第 III 群から第 V 群にかけてのウイルスは DNA ではなく RNA を含んでいる．レオウイルスをはじめとする第 III 群ウイルスは二本鎖 RNA をゲノムとして持つ．レオウイルスは乳児下痢症の原因となるロタウイルスや呼吸器系の感染症を引き起こすウイルスによって構成されている．これらのゲノムは宿主細胞にとっては奇妙な分子というほかはない．なぜなら，宿主細胞はいかなる二本鎖 RNA もつくらないからだ．だが，これらの転写合成は単純なプロセスで進行する．宿主細胞の中で二本鎖 DNA からメッセンジャー RNA（mRNA）が転写される場合には，二本鎖のうち一方の鎖だけが鋳型として用いられて，RNA 分子が合成される．この時 mRNA に読み取られる側の DNA 鎖はアンチセンスまたは（－)鎖とよばれそして転写された mRNA は（＋)鎖とよばれる．レオウイルスの二本鎖 RNA ゲノムは（－)鎖と(＋)鎖双方の RNA を持つ．(－)鎖を鋳型にして，ウイルス自体が持っているRNAポリメラーゼによって（+）鎖RNAが転写され，これがmRNAとなってウイルスタンパク質が発現する．同時に（+）鎖RNAが（−）鎖RNA合成の鋳型となって，ウイルスの二本鎖RNAゲノムが形成されるのだ．

第IV群ウイルスは一本鎖の（+）鎖RNAを持ち，それはそのままmRNAとして機能して，ウイルスタンパク質が翻訳される．重症急性呼吸器症候群の原因であるSARSウイルス，ポリオウイルスなどを含むピコルナウイルスが第IV群ウイルスの仲間である．

一方，第V群ウイルスが持っているのは（−）鎖RNAである．ウイルスのRNAポリメラーゼによって（+）鎖RNAが合成され，mRNAが転写される一方で，この（+）鎖RNAを鋳型にして，これらウイルスのゲノムRNAが複製される．第V群には狂犬病ウイルスやエボラ出血熱を引き起こすフィロウイルス，加えておたふく風邪やはしかの病原体であるパラミクソウイルスが含まれている．

2. 逆転写酵素を持つ分類群

第VI群と第VII群に分類されるウイルスは，より複雑なメカニズムによって，遺伝子の発現と複製を行っている．ヒト免疫不全ウイルス（HIV）を含むレトロウイルスが属する第VI群のウイルスは一本鎖の（+）鎖RNAを含んでいる．しかし，この（+）鎖RNAゲノムはmRNAとして直接タンパク質生産に用いられるわけではなく，侵入後，逆転写により二本鎖DNA合成の鋳型として使われるのだ．逆転写のプロセスを含んでいるため，これら第VI群は**一本鎖RNA-逆転写**と称される．一般の転写ではDNAを鋳型として，RNAが複製されるが，逆転写ではRNAを鋳型としたDNAの複製が行われるのだ．この合成反応を触媒する酵素は逆転写酵素とよばれるが，この酵素はウイルス粒子によって宿主細胞内に持ち込まれたものなのである．この逆転写酵素によってウイルスゲノムから合成されたDNAコピーは，インテグラーゼという酵素のはたらきで宿主細胞のゲノムの中に組み込まれる．インテグラーゼもまた，ウイルスゲノムにコードされたタンパク質の1つである．

一度，宿主細胞ゲノムへの組み込みが完了すると，レトロウイルスのゲノムは宿主のゲノムの中で，ともに複製されることになる．ひとたびこのような状態になってしまうと，宿主細胞は（一過的なウイルス感染とは異なり，体内から排除されない）持続的なウイルス感染を受けたまま，ウイルスDNAを再生産していくしかない．このレトロウイルスを起源とするDNAが卵子や精子に転移した場合には，それは子孫にも遺伝することになる．ヒトゲノムの中に，レトロウイルス起源と考えられる配列が多数見られることの原因は，レトロウイルスが持つ溶原性感染によるのだろう．

最後の群である第VII群にあたるウイルスは二本鎖DNAゲノムを含むが，感染した宿主細胞内で宿主由来のRNAポリメラーゼを使ってRNA分子を合成し，ウイルス由来の逆転写酵素活性によってDNAを合成する能力を持つ．B型肝炎ウイルスは，ゲノムDNAからRNAを合成し，そのRNAを鋳型にしてゲノムDNAを逆転写するという奇妙な生活環を持つウイルスの１つである．

Ｂ型肝炎ウイルスは腫瘍化を引き起こすウイルスの一種であり，それらの高い相関はこのウイルスが蔓延する地域での肝がんの発症率が高いという事実から明確である．Ｂ型肝炎ウイルスが活性化すると，肝臓組織が破壊され，炎症が引き起こされる．これは肝臓のがん化に対しての間接的な誘発ではあるが，ウイルスの持つ特殊な遺伝子（X遺伝子）の産物が宿主の細胞増殖に影響を及ぼし，腫瘍化を進めるとの報告もある．

腫瘍化を誘発するウイルスとしては，ヒトのＴ細胞（リンパ球の一種）に感染して白血病の原因となるヒトＴリンパ好性ウイルス（HTLV-I），子宮頸がんを引き起こすヒトパピローマウイルス，そして，カポジ肉腫に関連するヘルペスウイルスなどがある．カポジ肉腫はHIV感染などで免疫力が極度に低下した患者に発症する腫瘍である．

ウイルスのゲノム

最小のウイルスとしては一本鎖DNAのパルボウイルス，バクテリオファージが属するミクロウイルス，一本鎖RNAのピコルナウイルスなどが挙げられるが，中でも最も小さい構造を持つのは一本鎖DNAウイルスの豚サルコウイルスであろう．その直径は15～20 nmにすぎず，バクテリア細胞の平均直径の1/60程度である．このサルコウイルスはブタに消耗性疾患を引き起こすウイルスであるが，そのゲノムはきわめて小さく，たった２つの遺伝子をコードするのみである．*rep* 遺伝子はウイルスゲノムの複製を行う RNA 複製酵素を構成する一組のタンパク質をコードしており，*cap* 遺伝子はカプシドを形成する 1 種類のサブユニットタンパク質をコードしている．このサブユニットタンパク質が 60 個集合してゲノムを包む正二十面体のカプシドを形成するのである．これより簡単なウイルスは存在せず，よって豚サルコウイルスは最も単純なウイルスといえるだろう．

重症急性呼吸器症候群を引き起こす SARS ウイルスの一本鎖 RNA ゲノムは 90 nm 径のカプシドの中に内包されており，その外側はさらに糖タンパク質のスパイクで修飾された脂質二重膜（エンベロープ）によって取り囲まれている．そのウイルス粒子は RNA ウイルスの中でも大きく，ゲノムも 14 個ものタンパク質がコードされている．さらに大きな正二十面体のカプシドを持つのが，口唇ヘルペスを起こす単純ヘルペスウイルス（HSV-1）や性器ヘルペスウイルス（HSV-2）であり，その直径は 200 nm に達する．これはバクテリア細胞の 1/5 程度の大きさである．これらヘルペスウイルスは二本鎖 DNA を持つウイルスであり，それらのゲノムは 70 個以上のタンパクをコードしている．カプシドは 7 種類の異なるタンパク質から構成されており，また別のタンパク質によって外を取り巻く脂質のエンベロープに接続されている．宿主細胞への侵入の後，ヘルペスゲノムにコードされた**シャットオフタンパク質**が宿主のタンパク質の翻訳を止め，そして宿主の mRNA も破壊し，ウイルス遺伝子の発現体制を整える．また，ヘルペスウイルスは宿主の神経系細胞に活動を止めて隠れ続けることもできる（不顕性感染）．隠れていたヘルペスウイルスは環境からの，または宿主の生理学的な刺激によって再活性化するのだ．この不顕化と細胞分解によるウイルス放出のスイッチング機構こそ，ヘルペスが引き起こす疾病の再発性の高さや周期的発生の原因なのだ．

バクテリオファージとはバクテリアやアーキアに感染するウイルスを指す．その響きからバクテリアにのみ感染するように感じられるかもしれないが，それはアーキアがバクテリアとは異なる分類群であるとわかる前，原核生物として1つにまとめられていた頃に名づけられたものだからだ．バクテリオファージの中にはRNAや一本鎖DNAを持つものもいるが，その大半は二本鎖DNAをゲノムとして含んでいる．その形状は，正二十面体のカプシドを持つもの，棒状の構造を持つもの，レモン型の粒子を形成するもの，そして先にも紹介した繊細な尾部を持つものなど多種多様である．図21に示したような形状を持つバクテリオファージでは，二本鎖DNAゲノムは正二十面体のカプシド（頭部）に包まれている．その頭部に中空の莢（さや）状構造の尾部がつながっており，その基部から細い繊維がクモの脚のように伸びている．バクテリオファージがバクテリアの表面に付着すると，このクモの脚のような繊維は折れ曲がって，自らの基部を宿主細胞表面（バクテリアの細胞壁）に接触させる．細胞表面への結合を司っている尾部は，頭部にあるゲノムを宿主へ注入するためにさまざまなはたらきをする．宿主細胞の外側にある莢膜（きょうまく）の突破や，酵素反応による細胞壁の分解などを担っているのだ．T4 ファージとよばれるバクテリオファージはこのメカニズムを使って，大腸菌へ感染する．この 200 nm ほどの長さの T4 ファージがウイルス感染モデルとして，分子生物学の進展に果たした役割は大きい．だが，ゲノム情報の解析を含む何十年にも及ぶ精力的な研究にもかかわらず，ゲノム上にコードされた 289 個のタンパク質すべての機能が解明されているわけではない．

ここ 10 年の間に，微生物学者は小さめのバクテリアのゲノムサイズを超えるゲノムを持った巨大ウイルスを次々と発見してきている．巨大核質 DNA ウイルスとして知られるメガウイルスは，真核細胞の核ほどの大きさを持つ DNA ウイルスで，アメーバや微細藻類を含む真核微生物細胞に感染して増殖する．この桁外れのウイルスはバクテリアに匹敵する寸法とゲノムサイズを持っている．メガウイルスは光学顕微鏡で観察できるので，研究者は当初，ウイルスではなく共生細菌ではないかといぶかしんだという．巨大なゲノムの中には，ほんの一握りの DNA 複製や遺伝子発現にかかわる遺伝子が含まれてはいるが，このウイルスは宿主細胞の代謝活性や転写・翻訳機構に頼らなければ増殖することはできない．

このような巨大ウイルスの中で最大の大きさを持つものがパンドラウイルスである．これはウイルスの中で，1 μm の大きさを超える唯一のものである．パンドラウイルスはカプシド形成能を欠いており，アメーバに感染する脂質のエンベロープに包まれた，だ円形の粒子を形成する．

これら巨大ウイルスの起源についてだが，ある研究者は原核生物細胞の祖先種が細胞増殖に必須な生理代謝機構の消失を経て，これらウイルスに進化してきたと考えている．また，これら巨大ウイルスが，バクテリア，アーキア，そして真核生物以外の新しい“第四のドメイン”に分類されるべき生物であるとする説もある．巨大ウイルスの発見はわれわれをわくわくさせるが，同時にわれわれの生物多様性のとらえ方がいかに不完全であったのかを気づかせてくれるものでもある．すべての原核生物と真核生物の細胞がさまざまなウイルスの感染やその遺伝情報のゲノムへの挿入を許しており，これら感染因子が生物学に与えた影響は大きい．それにもかかわらず，われわれが知るウイルスに関する情報は依然少なすぎるのである．

欠損ウイルス・ウイロイド

欠損ウイルスとはゲノムを部分的に欠くウイルス粒子であり，その増殖にはヘルパーウイルスとの宿主への重感染を必要とするもののことである．欠損ウイルスは，ヘルパーウイルスの増殖メカニズムを借りて増殖するため，競合的にヘルパーウイルスの増殖を抑えることになる．しかし，ヘルパーウイルスの感染率を上昇させることも知られており，たんに片利ではなく,たがいに利のある関係といえるかもしれない．

P2 バクテリオファージは，P4 バクテリオファージ（先ほどの T4 ファージとは異なる）という欠損ウイルスの大腸菌への感染と増殖を助けるヘルパーウイルスである．双方の増殖が完了するためには P4 と P2 の細胞への重感染と協力的なタンパク質発現が必須となる．

スプートニク・ヴィロファージも欠損ウイルスの1つである．宿主細胞であるアメーバへの感染に関してはある巨大ウイルスをヘルパーウイルスとした支援を必要とする．ただ，このヴィロファージはヘルパーウイルスの増殖を阻害することが知られていて，その巨大ウイルス内に寄生するかのように存在している．これが，たんに欠損ウイルスの1つとされるばかりでなく，このウイルスがヴィロファージ（ウイルスを食うウイルス）とよばれる由縁なのである．

ウイルスとは異なるが，きわめて単純な分子が重篤な感染症を引き起こす例もある．これらの病原体は伝染性のある裸のRNA分子であり，ウイロイド（ウイルスもどき）とよばれる．ウイルスと異なりカプシドを欠いているが，その複製過程はウイルスに似ている．ウイロイドは傷ついた組織から侵入して細胞間を移動し，植物に障害を与えることが知られている．ジャガイモやリンゴ，アボカド，ナスなどの農作物の収穫量を減少させる原因の1つなのである．このウイロイドRNAの複製は宿主植物細胞のRNAポリメラーゼを使って行われる．植物細胞の通常の遺伝子発現をウイロイドが妨害することによって，植物組織に害を与えているというのが，ウイロイドの病原メカニズムを説明する最も妥当な解釈である．

プリオンという感染因子

ウイルスのように伝染して疾病を引き起こすプリオンとよばれる感染因子がある．プリオンは単なるタンパク質であり，いかなる核酸も含んではいないことから，ウイルスの一種ではない．プリオンが引き起こす伝染病で最も有名なのはウシ海綿状脳症（BSE）と，ヒトの致死性疾病であるクロイツフェルト・ヤコブ病（CJD）であろう．プリオンは誤って折りたたまれた（ミスフォールドした）タンパク質であり，宿主細胞内の正常に折りたたまれたタンパク質にその誤った折りたたみ状態を伝え，正常なタンパク質を変性させてしまう性質を持っている．このタンパク質の変性が，細胞の正常な活動を阻害し，やがて細胞を死に導くのである．クロイツフェルト・ヤコブ病の場合は，ヒトの脳細胞に異常タンパク質が蓄積し，やがて神経組織を破壊されて脳に穴があく．死亡した罹患者の脳は脳細胞の死滅と萎縮によって，海綿状を呈するという．

第5章

ヒトの健康と病気にかかわる微生物学

ルイ・パスツールなどの19世紀の医学界のパイオニアたちが活躍していた頃の微生物学は病原性微生物がその研究の中心であった．伝染病の正しい理解やその治療に関しての顕著な進展は，人類の歴史の中で最も成功を収めた努力の結晶であり，産業革命以降の世界で起きた科学の勝利といえるだろう．この頃には，当然のようにすべての微生物がわれわれに対して致命的だと考える傾向があったようだが，その考え方は今や変更を迫られている．最近の研究では，消化管や呼吸器など体内に生息する微生物が，伝染性の病気への感染の回避や治癒などわれわれの健康維持に深く関与していることが示唆されている．われわれの体内に生息する微生物群（微生物叢）の分子生物学的解析を進めることが，将来の医療に変革をもたらすことになるのかもしれない．

われわれの体の中にすむ微生物

われわれの体は約40兆個の細胞で構成されているばかりではなく，100兆個のバクテリアをおもに腸内に含んでいる．加えて，1000兆個のウイルスも体内に存在しているのだ．単純に細胞数だけで考えるなら，われわれの体は自身の細胞よりもはるかに多くの微生物細胞から構成されていることになる．これらバクテリアやウイルスだけでなく，アーキアや真菌類，そのほかの真核微生物もまた，体の中で生息している．これら体内の微生物の大半はわれわれの健康にとって有益なものである．疾病を起こし，健康を害する微生物はごくわずかなのだ．

無菌的な環境で育つ胎児の体内に微生物がいるかに関しては情報が少ないが，誕生前の胎児が，羊水から少数のバクテリアを摂取していることを示唆する報告がある．新生児は，誕生時に産道を通過する際，そこに生息するさまざまな微生物に触れあうことになる．これがわれわれの微生物との共生生活のはじまり（通過儀礼）である．帝王切開で誕生した新生児もまた，母親の肌を介して，またはほかの大人たちに触れられることによって，微生物に出会うのだ．これらの微生物が新生児の腸内微生物群（腸内微生物叢）の種となる．新生児の腸内にまずすみつくのは，乳酸菌（ラクトバチルス）やグラム陽性バクテリアなどの酸性環境に耐性のあるバクテリアである．離乳食を食べるようになると，この腸内微生物叢はバクテロイデテスという植物性炭水化物を分解するバクテリアに置き換わっていく．なお，腸内微生物叢においてバクテロイデテスが優占する度合いは，米などの植物性炭水化物を主食とするか，動物性タンパク質と飽和脂肪酸を含む肉などを多く食べるかといった食文化の違いによって変化する．

われわれは植物組織に含まれる多糖類を分解するのに微生物の力を借りている．なぜなら，それら難分解性の高分子物質を分解できる酵素をわれわれはほとんど持っていないからだ．微生物はこれら高分子物質を短鎖脂肪酸などの低分子物質に転換して，われわれに供給してくれる．また，寿命が尽き，またはバクテリオファージの感染などによってバクテリアが破裂すると，短鎖脂肪酸やさまざまな化学成分が放出されることになり，それは腸上皮で吸収される．このような共生微生物によるエネルギー供給の重要性は，いかなる腸内微生物も持たない無菌ネズミを用いた実験で実証されている．純粋隔離された無菌ネズミは腸内微生物叢が提供するエネルギーを補完するために，一般のネズミ以上に栄養に富んだ食事を要求するのだ．

栄養上の価値ばかりではなく，腸内微生物によってつくり出された代謝物はさまざまなメリットをわれわれに与えてくれる．水分やミネラルの腸管での吸収を調節したり，病原性微生物の感染を抑制したり，さらには血液中の脂質や糖の濃度を健康なレベルに保つのにも役立っているのだ．また，腸内細菌によるビタミンの合成も，われわれの生存を左右する腸内微生物叢の重要な役割の１つといえる．

ヒトの腸内ではバクテリアが優位を占めるが，アーキアや単細胞の真核生物もまた共存している．アーキアの腸内の存在比はきわめて低い（1 g の糞便中に 400 億個のバクテリアがいるが，アーキアの細胞数は 1 億個程度である）が，それらは消化プロセスに大きく関係している．嫌気的なアーキアであるメタン生成菌は水素ガスを吸収してメタンガスをつくり出し生育する．メタン生成菌は腸内で発酵性バクテリアと共生関係を保って生きていて，発酵細菌の生育を促進する．一部の報告では，メタン生成菌の数が肥満と高い相関を示し，また拒食症患者で大きく上昇することが示されている．一見相反する実験結果を示しているように思えるが，肥満においてはメタン生成菌を含む効率的な消化が結果として体重増加を引き起こし，一方の拒食症患者の腸内では，飢餓的状況の中で少しでも栄養を与えようとメタン生成菌が懸命にはたらいていると解釈することが可能だろう．メタン生成菌と体重増加との相関に関しては両義的な報告もなされているが，このアーキアとの共生の重要性はもっと強調されてよいだろう．

健康なヒトの腸内には，真菌類やストラメノパイルに属する真核微生物が存在している．これら微生物が積極的に人体に感染を起こすことはない．しかし，ヒトの健康への影響はほとんど明らかになっていないものの，そのうちのいくつかが病原性を持つことも知られている．動物を用いた実験で，真菌類（特に酵母）が腸の炎症に呼応して増殖したり，大腸炎の際に変動するという結果が示されている．

バクテリアの感染症を治療するために行われる抗生物質の

投与は腸内微生物叢に長期にわたり著しい影響を与える．一定期間の抗生物質投与は，腸内バクテリアの多様性を減少させ，かつ生残したバクテリア間に，その抗生物質に耐性を与える遺伝子を広く拡散させる．この腸内バクテリアへの影響は少なくとも 2 年間続くとの報告もある．この研究結果は，さまざまな疾病と腸内微生物叢との関連を調べる研究に対しての警鐘といえるだろう．腸内微生物は潰瘍性大腸炎やリウマチ性関節炎，多発性動脈硬化，糖尿病，皮膚炎，ぜんそくなどのさまざまな炎症反応と関係があるのだ．これら疾病と腸内微生物叢の変化を関連づける一般的なメカニズムは未解明ではあるが，この臨床研究分野の発展は目覚ましいものがある．腸内微生物叢を調整して健康増進を図ることは世界的注目を集めているし，腸内微生物をコントロールする生きた微生物を含んだ食品の商品市場はきわめて巨大なのだ．微生物を含む食品を体調管理に用いる方法はプロバイオティクスとよばれ，世界的に盛んに行われてきている．また，大腸炎に苦しむ患者の腸内細菌を再構成して治療する糞便移植は，腸内微生物叢とわれわれの健康の関係性を利用した，プロバイオティクスとは視点が異なる，新たな治療法の 1 つである．

腸内以外にも微生物叢はある．口内の粘液中には多様な種類のバクテリアだけでなく，アーキアや酵母が生息している．歯垢はバイオフィルムの一種であり，その多糖類でできた構造の中でさまざまな微生物が生息している．歯垢の構造の複雑さと含まれる微生物の多様性は驚くべきものであるが，おもな構成者はミュータンス菌（ストレプトコッカス・ミュータンス *Streptococcus mutans*）とよばれる通性嫌気性（好気でも嫌気でも生育可能）のレンサ球菌と偏性嫌気性バクテリアである．嫌気性のバクテリアとしては紡錘(ぼうすい)形の細胞形態を持つフソバクテリウムなどが含まれる．これら歯垢にすむバクテリアは一般的に害をなさないが，歯垢が放置されて成長した場合，その中で発酵によって酸が生成されて虫歯の原因となる．成長した歯垢には，らせん状の細胞を持つスピロヘータや好気性の桿菌(かんきん)やビブリオなども観察される．成長した歯垢の表面は好気性のバクテリアによって覆われる．このバクテリアの呼吸作用によって酸素が消費され，歯垢深部は嫌気化して嫌気性バクテリアによる発酵での酸生成が促進されるのだ．

鼻腔(びくう)の表面にもスタピロコッカスやコリネバクテリウムというグラム陽性バクテリアを含む特殊な微生物叢が存在し，表皮にもグラム陽性バクテリアと酵母が常に生息している．このようにわれわれの皮膚や消化管，鼻腔内に生息している微生物を総称して**（ヒトの）常在菌**とよぶ．

微生物の病原性と病毒性

ヒトの体内の微生物叢を構成する微生物の中で病気を引き起こすと見なされるものはほんのわずかである．しかし，それらが病気を引き起こす，またはどの微生物が病気の原因となるかは，体調や状況に大きく左右されるのだ．

微生物学者は，微生物が病気を引き起こす能力を病原性とよぶ．病毒性という用語もまたこれと同様に用いられることがあるが，これは病原性の度合いを示すのにも使われる．たとえば，エボラウイルスは高い病毒性を持つウイルスであり，出血熱によって90％の致死率でヒトの命を奪う，というようにだ．確かに，われわれの身のまわりにいる微生物の中には高い病毒性を持っていて確実に病気を引き起こす真正の病原性微生物がいる．

しかし，健康なヒトの微生物叢の中には，日和見病原性を示すものも混じっている．日和見病原性とは，何らかの事情でヒトの防御機構が弱まってしまった場合のみ，病気を引き起こす性質である．バクテリアの中にはこのようなものが少なからず含まれている．また，真菌類の中にも日和見病原性のものがいて，免疫システムが損なわれた患者に対しては命を脅かしかねない感染症の原因となるのだ．

微生物がわれわれの粘膜に付着することが感染のはじまりとなる．粘膜とは上皮細胞からなる組織を覆う上皮層で，外部環境に対抗する障壁である．粘膜の多くは粘液を分泌する．大半の微生物は，この粘度の高い粘液にとらわれて，それとともに上皮表面から洗い流される．病原微生物は上皮細胞表面のレセプタータンパク質を認識するなどして表面に付着し，粘液による排除をかわすことができる．付着することによって，さらに深部の組織への侵入が可能になる．

宿主の吸気や感染者への接触によって病原微生物は体内に侵入し，粘膜を通過して組織内に感染する．このほかに，昆虫や動物など媒介生物のかみ傷，刺し傷からの感染や汚染された食品や水を介しての経口感染などの侵入方法もある．

くしゃみやせきは，粘液の飛沫とともにバクテリアやウイルスを周囲に散布する行為である．くしゃみによる呼気の放出は，微生物をまき散らすのに特に有効な方法である．大量の粘液の飛沫を秒速 100 m の速度で射出し，微生物の霧を周辺につくり出すのだ．また，話すという行為でさえも，微生物は放出されている．また，粘液の水滴に包まれたままの散布は多くのバクテリアやウイルスにとって都合がよい．乾いた空気による乾燥がそれらにダメージを与えてしまうからだ．ただ，グラム陽性バクテリアのような厚い細胞壁を持っていて乾燥に強いバクテリアの場合は別である．これらのバクテリアはさらに乾燥に耐性を持つ芽胞を形成することだってできる．炭疽（たんそ）の原因であるグラム陽性の炭疽菌 *Bacillus anthracis* の場合，この芽胞を吸い込むことが最も致死率が高いといわれている．また，飛沫感染するバクテリアが原因となる病気には，ジフテリアや百日ぜき，結核，髄膜炎菌による髄膜炎などがある．

化膿レンサ球菌

扁桃腺炎（へんとうせん）や咽頭炎は化膿（かのう）レンサ球菌 *Streptococcus pyogenes* によって起きる．化膿レンサ球菌は健康なヒトの喉にすむ温和なバクテリアであるが，免疫機能が低下すると，日和見感染症を引き起こすのだ．扁桃腺・咽頭への感染が一般的であるが，化膿レンサ球菌は関節炎や結膜炎，そして皮膚病（とびひ）の原因となることもある．

また，この化膿レンサ球菌は壊死性筋膜炎という重篤な病状を引き起こすことも知られている．これは急速に進行する皮下組織の感染症で，1時間に数 cm という驚くべき速度で指先または足先から壊死が進行し，命を奪う．きわめて珍しい症例ではあるが，これが**人食いバクテリア**とよばれる由縁である．

小児に多く発症する猩紅熱も化膿レンサ球菌が原因の感染症である．全身に広がる紅色の小さな発疹は，このバクテリアが産生する毒素に対する免疫反応のためである．この毒素はT細胞を非特異的に活性化させ，多量のサイトカインを放出させることから，スーパー抗原とよばれる．興味深いことに，このスーパー抗原をコードする遺伝子はバクテリオファージによってもたらされたもので，化膿レンサ球菌のゲノムに溶原化して組み込まれている．ウイルス感染が非病原性であった化膿レンサ球菌を病原化したのである．なお，猩紅熱は発症後5，6日で自然と治癒する．

毒素性ショック症候群とよばれるより重篤な症状を，スーパー抗原が引き起こすことがある．スーパー抗原が活性化した不特定多数のT細胞は放出した膨大な量のサイトカインが全身性の炎症をもたらし（サイトカイン・ストーム），多臓器不全へと至らせるのだ．また，化膿レンサ球菌はリウマチ熱の原因ともなり，これによって心臓の弁や腎臓，関節などに障害が残ることがある．

近縁の種に肺炎レンサ球菌 *Streptococcus pneumoniae* があり，この感染が肺炎の原因の半数を占めるといわれている．なお，インフルエンザ菌やクレブシエラ，そしてマイコプラズマなどさまざまなバクテリアが肺炎の原因となることが明らかになっているが，真菌類や単細胞真核生物，さらにはウイルスによっても起きる感染症である．

結　核

結核はマイコバクテリウム・ツベルクロシス *Mycobacterium tuberculosis* というバクテリアが原因となるヒトからヒトへと飛沫感染して広がる感染症である．多くの人々がこの菌に感染しているが，その大半がいかなる症状を示すことはない．だが，感染者のうちの10％程度が結核を発病する．結核が流行しているのはおもに新興国や発展途上の国々であり，毎年100万人以上の死者が出ている．結核はHIV感染の次に死者の多い感染症である．このバクテリアが引き起こす最も多い症例は肺の組織を害する肺結核である．また，HIV感染により免疫機構が損なわれている患者は肺結核になるリスクが高く，HIV感染者の25％が結核で死亡しているという．マイコバクテリウム属の中でこれとは異なる種にマイコバクテリウム・レプラエ *Mycobacterium leprae* があり，ハンセン病の原因となる．

インフルエンザ

インフルエンザはRNAウイルスによって引き起こされる感染症で，飛沫感染で伝染する．インフルエンザの流行は毎年冬季に起き，北半球でのピークは2月，南半球では8月となる．この季節周期性の理由はいまだ解明されてはいないが，ウイルス粒子を含んだ飛沫の伝搬性が寒く乾燥した時期に高まるともいわれている．野生の鳥がA型インフルエンザウイルスのリザーバーと考えられている．そのウイルスが家禽やブタに感染しながら遺伝子変異を起こし，世界的な大流行を引き起こすのだ．A型インフルエンザウイルスはエンベロープの表面に2種類の糖タンパク質を持っている．ヘマグルチニン（H）という上皮細胞表面のレセプターに吸着するためのものと，ノイラミニダーゼ（N）とよばれるレセプターとマグルチニンを切り離す酵素である．ノイラミニダーゼはウイルスが細胞から遊離するのに利用される．A型インフルエンザウイルスにはさまざまな亜型があり，HとNの変異の種類によって分けられている．H1N1は，1918〜1920年にかけてスペイン風邪とよばれるパンデミック（世界的な流行）を起こした．また2009年に起きた豚インフルエンザもこの亜型である．A香港型とよばれるH3N2は香港で発生し，1960年代に世界的に流行した亜型である．H1N1ウイルスがなぜ5000万人以上の死者を出したのかについての理由はすべて解明されたわけではないが，ウイルスが肺組織を破壊することで，（化膿レンサ球菌の毒素性ショック症候群のように）サイトカインが過剰に分泌されるサイトカイン・ストームが起き，全身性の炎症が引き起こされたことも原因の1つであると考えられている．

インフルエンザ以外の飛沫感染するウイルスには，はしかの原因であるはしかウイルス，おたふく風邪のムンプスウイルス，風疹ウイルス，水ぼうそうの水痘帯状疱疹ウイルス，そして風邪を引き起こすアデノウイルス，ライノウイルスなどがある．

日和見感染する真菌

病原性の真菌の胞子もまた空気中を伝搬する．アスペルギルス症はアスペルギルスという子嚢菌（しのうきん）に属する真菌を原因とする肺の感染症である．健康な者が吸い込んだアスペルギルスの胞子は，正常な免疫システムによって効果的に処理され，その胞子が成長することはない．しかし，HIV 感染や抗がん治療の副作用によって免疫システムが抑制されている場合，または結核により肺組織が損傷を受けている場合には，アスペルギルスの胞子は成長する機会を得ることになる．活性化したアスペルギルスは肺組織内で成長し，アスペルギロームというアスペルギルス菌球を形成する．この菌球はアスペルギルスの菌糸と死んだ肺組織からつくられたものである．まれにではあるが，菌糸が肺以外の組織に入り込み，致命的な侵襲性アスペルギルス症に進行することもある．なお，アスペルギルス症は免疫応答の低下や肺組織の損傷に応じて発達することから，日和見感染症に類別されている．

日和見感染は，アスペルギルス以外の真菌の中にもしばしば見られる，共通した性質といえるかもしれない．真菌であるヒストプラズマ・カプスラータム *Histoplasma capsulatum* やブラストミセス・ダルマチチジス *Blastomyces dermatitidis* は肺炎の原因となる真菌であり，肺炎以外にもさまざまな症状を引き起こす．これらの真菌が起こす症例はヒストプラズマ症，ブラストミセス症とよばれる．

ヒストプラズマは鳥やコウモリの糞の堆積物の中で育つ真菌である．その胞子は吸い込まれると肺の中に深く侵入し，肺胞まで到達する．ヒストプラズマの胞子は免疫システムのマクロファージの貪食から生き残り，リンパ系を介して肺以外の組織へ移動することもできる．ヒストプラズマ症はオハイオ・バレー症ともよばれるが，ミシシッピ川下流のオハイオ側谷間の風土病であることに由来している．

クリプトコッカス症はクリプトコッカス・ネオフォルマンス *Cryptococcus neoformans* やクリプトコッカス・ガッティー *Cryptococcus gattii* という酵母様真菌が引き起こす感染症である．肺に感染するが，そこから中枢神経系に移動して髄膜炎を発症させる．クリプトコッカス症は HIV 感染者が罹患する重篤な日和見感染症の１つである．

コクシジオイデス症，または渓谷熱はコクシジオイデス・イミチス *Coccidioides immitis* による致死性の感染症である．コクシジオイデスはアリゾナやカリフォルニア，メキシコ北部の砂漠地帯の土壌に生息する真菌である．それは中央または南アメリカにも見られている．コクシジオイデスの胞子は嵐や地震，土木事業などで土壌がかく乱された際に，風媒性となって空気中を拡散する．コクシジオイデスはほかの日和見感染性の真菌とは比較できないほどの高い病毒性を持っていて，正常な免疫系を持つ健康な者にも感染する．感染者は適切な治療を施さない限り，死に至る．

食べ残しの食品などに生える接合菌には，ムコール症とよばれる珍しい感染症があり，副鼻腔への感染が知られている．さらには，脳組織にまで広がる侵襲性も観察されている．なお，キノコを含む担子菌でも，少ないながらも，病原性にかかわる報告がある．

バクテリアやウイルスの感染とは異なり，先に述べた真菌感染症には，たとえばヒトからヒトへの伝染は見られない．ただ，いくつかの真菌は日和見感染ではない皮膚感染症を引き起こし，伝染することが知られている．

皮膚糸状菌は皮膚や髪の毛，爪で生育する病原性真菌で，白癬（はくせん）や水虫の原因菌である．これらの真菌は物理的な接触により伝搬される．たとえば，胞子で汚染されたタオルや衣服を共有するといった行為で伝染するのだ．糸状性の子嚢菌である皮膚糸状菌にはトリコスポロンやミクロスポロンが含まれており，これらはすべてケラチン（角質）を糧として生きる．これらの感染は皮膚など特定の部位に限られるが，時として感染箇所を広げて重篤な症状を引き起こすこともある．

マラセチア・グロボサ *Malassezia globosa* は頭皮に常在する酵母の仲間であり，頭皮が分泌する脂質（皮脂）を食べて生きている．これはフケの原因となったり，癜風（でんぷう）とよばれる脂漏性皮膚炎を引き起こすこともある．

飛沫感染以外の感染

多くのバクテリアやウイルスの伝染は物理的に接触することにより起きる．感染者と直接触れあうとか，感染した血液や体液を介してである．

黄色ブドウ球菌 *Staphylococcus aureus* はヒトの常在菌の1つだが，ほかの常在菌に比べ病毒性は高く，皮膚感染症や肺炎，髄膜炎などの疾病を引き起こすことがある．どこにでもいる菌ではあるが，メチシリン耐性黄色ブドウ球菌（MRSA）とよばれる抗生物質耐性を獲得したものが，院内感染の原因菌となるため，医療現場では問題視されている．このMRSAには，従来の抗生物質がまったく効かないからである．

A型肝炎ウイルスは患者の便で汚染された水や食品を介して経口感染で広がるが，B型肝炎ウイルスの感染経路はウイルス粒子を含む血液や体液である．淋病（りんびょう）や梅毒，クラミジア感染症は性感染症とよばれ，性的接触によって伝染するバクテリア感染症である．また，性的接触によって伝染するウイルスにはヒト免疫不全ウイルス（HIV）やヘルペスウイルス，ヒトパピローマウイルスがある．

感染症の症状は，ある種のバクテリアがつくる毒素によって起きる免疫システムの過剰反応（炎症）や組織破壊により，ほかの日和見感染を併発し，重篤化する場合がある．HIVもこのような複合感染の主因となるウイルスである．HIVはマクロファージやT細胞を破壊することによって免疫機能を衰弱させることによって，日和見感染菌に感染の機会を与え，その成長を促進するのだ．

HIV感染者に一般的に見られる二次的な日和見感染例としては，ニューモシスチス・イロヴェチ *Pneumocystis jiroveci* によるニューモシスチス肺炎，クリプトコッカス・ネオフォルマンス *Cryptococcus neoformans* による脳炎，カンジダ・アルビカンス *Candida albicans* による全身性のカンジダ症がある．これら3種類の日和見感染菌はすべて酵母様真菌である．

また，HIVの増殖に伴う免疫機能の破壊は寄生性の原生生物の侵入も容易にする．クリプトスポリジウムによるクリプトスポリジウム症（重篤な下痢），トキソプラズマによるトキソプラズマ脳炎がそれにあたる．この双方の原生生物はスーパーグループのアルベオラータ（第1章参照）に属している．免疫力の極度に低下したHIV感染者に見られるカポジ肉腫はヘルペスウイルス（HHV-8）が引き起こすウイルスによる日和見感染症である．

狂犬病は動物（イヌ）が媒介し，これにかみつかれることによって感染する．このように動物によって媒介される伝染病は数多く知られている．バクテリアのエルシニア・ペステス *Yersinia pestis* が原因となるペストはノミによって，ボレリア・ブルグドルフェリ *Borrelia burgdorferi* が原因のライム病はダニによって，リケッチアが原因となる発疹チフスはシラミによって媒介される．また，西ナイルウイルスによる西ナイル熱やマラリア原虫によるマラリアは蚊が媒介する．

これら動物が媒介する伝染病もまた恐ろしいほどの伝搬能力を持っており，大規模な感染を引き起こす．黒死病ともよばれるペストは，14世紀に中国からヨーロッパ全土にわたって猛威を振るい，その時の総死者数は7500万人とも2億人ともいわれている．また発疹チフスは第二次世界大戦の収容所の捕虜や難民の中で大流行し，多くの人々を殺りくした．マラリアはいまだ流行を続けており，毎年50万人の死者を出している．

このような病原体を媒介する動物を媒介者（ベクター）という．また，積極的な伝搬を行うことはないが病原体の保菌者（キャリア）や自然宿主となっている動物も存在する．

キャリアや自然宿主は大量の病原体を貯蔵するタンクのような役割を持つ生物である．腎症候性出血熱など重篤な疾病を引き起こすハンタウイルスの自然宿主はネズミなどのげっ歯動物であり，エボラウイルスの場合はコウモリがそれを担っている可能性が指摘されている．

罹患者の糞便で汚染された水や食べ物も感染症の感染経路となる．このような経口感染で広がる感染症には，コレラ菌（ビブリオ・コレラエ *Vibrio cholerae*）によるコレラ，サルモネラ・タイフィ *Salmonella typhi* による腸チフス，赤痢アメーバ *Entamoeba histolytica* によるアメーバ赤痢などがある．

毒素を生産するバクテリアである黄色ブドウ球菌や腸管出血性大腸菌，サルモネラ菌などに汚染された食品は食中毒の原因となる．ボツリヌス毒素はボツリヌス菌（クロストリジウム・ボツリナム *Clostridium botulinum*）という嫌気性バクテリアによってつくられる猛毒の神経毒である．加工食品に菌の芽胞が混入し，パックされることによって嫌気条件となった場合には，その芽胞が発芽成長し，重篤な事態を招くことになる．なお，ボツリヌス毒素による食中毒は最近では少なくなってきている．

ボツリヌス菌の近縁に破傷風菌 *Clostridium tetani* がいる．破傷風菌は芽胞として土壌中に常在しており，傷口から侵入し，嫌気的な創傷部位で増殖する．この菌はテタノスパスミンという強力な神経毒を生産する．この神経毒は感染者の神経系に作用し，強直性の痙攣（けいれん）を引き起こし，さらには呼吸不全へと導くのだ．

病原性を持つ微生物は全体のごく一部である

病原性微生物について長々と紙幅を費やしてきたが，これら感染症が与えるインパクトに反し，膨大な多様性を持つ微生物の中で病原性を持つものはごく少数にすぎない．ほとんどの微生物がわれわれに対しては無害なのである．真菌の日和見感染が命にかかわる症状に発展することもあるが，何万種もある真菌のうちのほんの一握りのものがそれにかかわっているだけだ．単細胞の原生生物もしかりで，きわめて少数のものが病原性を持つのみである．加えて，アーキアが病原性を持つという明確な報告はない．ただ，アーキアを含む微生物集団が組織の損傷にかかわっていることが示されており，バクテリアとの集団の中で何某かの貢献をしていると予想できる．さまざまな微生物を含む集団である歯垢が虫歯を進行させるが，その酸生成に関してアーキアが一切関係していないと主張することはできないだろう．

日和見感染をする微生物が，宿主動物の中での生育に完全に適応しているわけではない．確かに，それらは動物体内の（環境よりは）高い温度で生育を示すし，動物組織を分解して必要なエネルギーを獲得することもできる．だが，それらは動物が持つ免疫システムに対しては無力であり，なされるがままに排除されてしまうのだ．日和見感染微生物の食料となりえるのは，免疫システムが低下した動物だけなのである．しかも，動物体内の体液中には鉄をはじめとして，ミネラルや栄養源が微生物の使えるかたちでは存在しておらず，それもまた大きな障害となって微生物の生育を阻むのだ．

終末宿主（そこから別の宿主に感染を広げることがない宿

主）というとらえ方は，日和見感染の場合には意味をなさない．日和見感染微生物はその性質上，自然環境中へもどることができるからだ．感染によって死に腐りつつある宿主の体は，もはや宿主などではなく，それら微生物を支える単なるエサなのだ．

感染に対抗する免疫システムと抗生物質

病原菌に対するわれわれの防御機構は，自然免疫と獲得免疫に分けられる．自然免疫とは先天的に備わったものであり，病原体はその個体と事前の接触がなかったとしても，異物として排除される．一方，獲得免疫は病原菌をあらかじめ記憶している外来異物として認識した際に始動する機構である．

白血球のうちマクロファージと好中球が自然免疫を担当する．これらの白血球には，病原菌に共通する特有の分子パターン（PAMP）を認識する情報が組み込まれている．病原体関連分子パターンとよばれるPAMPとは病原菌のみならず多くのバクテリアに共通して見られる分子生物学的特徴のことであり，すべてのグラム陰性バクテリアの外膜表面に見られるリポ多糖タンパク質やべん毛を構成するフラジェリンタンパク質，細胞壁の一般的な構成成分などを指す．マクロファージは細胞表面に備えたパターン認識受容体でPAMPを認識し，その外来異物を貪食作用によって取り込み分解してしまうのだ．

獲得免疫では，より厳密な異物認識が行われている．個々の病原菌またはウイルスが持つ特徴（多くはタンパク質）は抗原としてTリンパ球（T細胞）に示されるのだ．抗原の提示を受けたT細胞は刺激を受けて細胞傷害性T細胞（キラーT細胞）に分化し，感染して損傷した細胞を殺すことで周囲への感染を抑制する．加えて，提示により活性化したヘルパーT細胞はサイトカインを放出し，炎症反応で感染の拡大を抑えようとする．また，ヘルパーT細胞はB細胞の分化も促し，分化したB細胞は抗体の生産を行うようになる．抗体（免疫グロブリン）は特定のタンパク質などの分子（抗原）に結合する糖タンパク質である．B細胞から放出された抗体は，病原菌の表面にある抗原に結合し，その病原性や毒性を抑える（中和）抗体によって印がつけられた病原菌はマクロファージなどの貪食細胞に食べられて分解される．

われわれの免疫システムでも対抗しきれないバクテリアの感染に対しては，抗生物質が効果的である．抗生物質はバクテリアの細胞壁の合成やタンパク質の合成，DNAやRNAの合成を妨害することによって，バクテリアの増殖を阻害するのだ．抗生物質は特定の病原性バクテリアにしか効果を持たないものもある（これを**抗菌スペクトルが狭い**という）が，中にはグラム陰性バクテリアにもグラム陽性バクテリアにも効く広いスペクトルを持つものもある．

子嚢菌のペニシリウムが分泌するペニシリンはグラム陽性バクテリアに対して強力な抗生物質である．ペニシリンはペニシリウム・ノクタム *Penicillium noctum* からアレクサンダー・フレミングによって1928年に発見された世界ではじめての抗生物質である．1938年に医薬品としての生産に関する研究が進められ，1941年にははじめての臨床試験が行われた．ペニシリウム・ノクタムによるペニシリン産生性はあまり高くなかったが，収量の多いペニシリウム・クリソゲニウム *Pencillium chrysogenum* が腐敗したメロンから発見され，天然ペニシリンの生産技術が大きく改善されることになった．ペニシリンとその誘導体のグループはβラクタム環を共通して持っており，ペプチドグリカンの結合を妨害して細胞壁の合成を阻害する．この抗生物質により細胞壁を合成できなくなったバクテリアは破裂し，死滅してしまうのだ．

しかし，ペニシリンの使用が開始されてから10年を待たずに，その効力に限界が見えはじめた．それに対する耐性がバクテリアの中に現れたのだ．ペニシリンのβラクタム環を開裂して，その能力を失わせるβラクタマーゼという酵素が進化の中で産み出されたのだ．だが，ペニシリンの中核構造として6–アミノペニシラン酸が見つけられたことが1つの光明といえた．発見された6–アミノペニシラン酸は抗生物質活性を持たなかったが，これを出発物質として，半合成ペニシリン系抗生物質の開発が開始されたのだ．メチシリンやアンピシリンが，このような半合成によって開発された抗生物質である．ペニシリンとは異なり，アンピシリンは広い抗菌スペクトルを持っており，グラム陽性バクテリアだけでなく一部のグラム陰性バクテリアにも有効である．

セファロスポリンはアクレモニウム *Acremonium* 属真菌という真菌から分離されたβラクタム系抗生物質である．第一世代のセファロスポリンはグラム陽性細菌以外のバクテリアにはあまり有効ではなかったが，のちの世代のものは，基本骨格に付いている側鎖をさまざまに変えることによって，グラム陰性バクテリアに対しても高い抗菌性を示すようになった．最新の第五世代のセファロスポリンは最後のとりでとも称されるすばらしい抗生物質である．驚くべきことに，この第五世代はメチシリン耐性黄色ブドウ球菌（methicillin-resistant *Staphylococcus aureus*：MRSA）にも効くのだ．

ストレプトマイシンやエリスロマイシン，テトラサイクリンは，すべて放線菌であるストレプトマイセスというバクテリアから見つかった強力な抗生物質である．エリスロマイシンの抗菌スペクトルはペニシリンに似ており，ペニシリンにアレルギーを持つ患者に代わりに投与される．

また，ストレプトマイセスはポリエンという多数のエチレン結合を持った炭化水素化合物を生産することも知られている．このポリエンはバクテリアではなく真菌をターゲットとした抗菌薬として用いられる．ポリエンは真菌の細胞膜に存在するエルゴステロールという脂質に結合し，膜を脆弱にしてしまうのだ．このエルゴステロールは動物細胞の細胞膜には存在しないので，抗真菌薬の絶好のターゲットとなるのである．しかしながら，これらポリエン系抗真菌薬の１つ，アムホテリシンＢは腎臓への副作用（腎毒性）が懸念されている．

抗ウイルス薬の多くは宿主毒性という共通の特徴を持っている．ウイルスの増殖を抑えるために，感染した細胞そのものの機能をもかく乱することになるからである．抗ウイルス薬として核酸アナログ製剤が用いられるのは，ウイルスが自らのゲノム複製に用いるDNAポリメラーゼや逆転写酵素などを阻害するためである．しかし，これらは宿主細胞の通常のDNAの複製にも影響を与えてしまうので，宿主毒性が出てしまうのだ．HIVの治療では，効果的な治療薬としてプロテアーゼ阻害薬が用いられる．HIVが増殖するためには，カプシドを含む構造タンパク質前駆体を，HIVプロテアーゼという特殊なはさみで切断することが必須である．抗HIVプロテアーゼ阻害薬はこのHIVプロテアーゼの切断を妨害するのである．

アレルギーのメカニズム

呼吸系のアレルギーは真菌の胞子や花粉，ペットの毛などの浮遊微粒子の表面に存在する抗原が引き金となる一種独特な免疫反応である．これは微生物学的見地からも重要な事柄である．なぜなら，アレルゲンとなる真菌の胞子は想像もつかないほどの量が毎年空気中に放出されていて，それがぜんそくやアレルギー性鼻炎を引き起こしているからだ．胞子表面の抗原は肺の中にある樹状細胞によって認識される．樹状細胞は抗原提示細胞としてはたらく免疫細胞の1つだ．抗原を取り込んだ樹状細胞はリンパ管に移動し，ヘルパーT細胞を活性化する．さらに，活性化したヘルパーT細胞がB細胞の抗体（免疫グロブリン）の生産を活性化する．

免疫グロブリンEは抗体と同様の構造も持った糖タンパク質で，この過敏反応の原因となるものである．この糖タンパク質は肥満細胞というヒスタミンを貯蔵する細胞の表面受容体に結合する．免疫グロブリンEが結合した肥満細胞はアレルゲンに対して敏感になり，抗原に遭遇すると細胞は破裂してヒスタミンの大放出が起きる．大量のヒスタミンが血流を増大させるとともに血管の浸透性を上昇させ，これによりぜんそくや鼻炎の症状が現れることになる．3億人の人々がぜんそくに苦しんでいるとの試算もあり，アレルギーは地球規模での深刻な健康問題といえるだろう．

浸水した家の中で育つある種の真菌の毒性が，特にアメリカ国内では，大きな問題となってきている．黒色色素を生産する子嚢菌であるスタキボトリス・カルタラム *Stachybotrys chartarum* を含む家の中に生育する真菌の胞子を大量に吸い込んだ場合に，それに含まれる毒素（マイコトキシン）によって肺疾病が起きるというのだ．入手可能な報告では，浸水した建物の中でこの胞子を吸い込んだ者の中で，マイコトキシンのレベルが肺疾患を引き起こすほどに高まった者はいないとのことである．しかしながら，この状況での大量の胞子の吸引が健康被害を引き起こす心配がないことにはならないだろう．

第6章
微生物の生態学と進化

今から6億年前の先カンブリア時代の末期に多細胞生物が出現したが，それ以前の30億年の長きにわたる生命史は微生物史であった．地球上のさまざまな生態系は，依然として微生物によって構成されており，植物と動物によって営まれているように見える環境もこれら微生物によってコントロールされているのだ．地球は，いわば微生物による惑星なのである．仮に，宇宙のどこかほかの惑星で生命が発生したのだとしても，そこの居住者の多数派は，間違いなく多細胞生物ではなく微生物となるだろう．われわれの住む惑星の生物圏のエネルギー・フロー（エネルギーの流れ）への微生物の多大な貢献を考慮するなら，このような主張にもうなずけるはずだ．

微生物がいなければ生きていけない

微生物の活動による生化学的土台があってこそ，植物と動物の生活が成り立っている．光合成をする植物が一次生産者となり，ゆえに陸上のすべての生物は日光によって支えられているという考えに基づくなら，このような明言を素直に受け入れることはできないだろう．しかし，動物の1000倍とされる陸上植物の総重量に匹敵するだけの生物量（バイオマス）を微生物は担っているのだ．さらには，“生きている”生物資源として考えると，そのバイオマスの比率は大きく微生物に傾く．植物は有機物の多くを，木質という“死んだ”組織の中にセルロースなどの細胞壁高分子として隠し持っているからである．

独立栄養的に生きるとされる植物だが，実際には単独で生育することはできない．植物の生活は微生物の複雑な代謝のうえに成り立っているのだ．バクテリアなどの原核生物は，空気中の窒素を固定したり，亜硝酸を硝酸に酸化したり，リンなどの必須微量元素を利用しやすいかたちに変え，そして有機物を分解して再生するといったさまざまな酸化還元反応を通じて，土壌を肥沃にする．真核微生物の活動もまた，植物や動物の生命を維持するのにきわめて重要である．菌根菌は植物の根に侵入し特有の構造体をつくって，栄養や水分を植物に供給する．そればかりか，土壌の改善にも役立っている．腐生性真菌やアメーバ様生物，繊毛虫などは原核生物と力を合わせて，有機物資源である炭素や窒素のリサイクルを行っている．植物やそれを食べて生きる動物の生活は，このような土壌中の微生物によって支えられているのである．

エネルギー・フローにおける微生物の重要性は，陸上植物が存在しない海洋ではさらに明白だ．海洋ではシアノバクテリアと微細藻類が光合成の担い手である．これら光合成微生物と，そして非光合成微生物が海洋環境の所有者であり，複雑な海洋生物の生態学的相互反応を支えるエネルギーを紡ぎ出しているのだ．海洋中の生物量の90％をバクテリアとアーキアが占めており，海洋表面は微細藻類に満ちている．海洋性のシアノバクテリアは熱帯雨林が行うのと同量の二酸化炭素を吸収し，また珪藻(けいそう)はそれと同等の炭素を固定する．海にすむこれら光合成微生物の光合成活性は，陸上の植物に匹敵するのだ．

膨大な数のウイルス，特にバクテリオファージが海洋に存在しており，その中にある遺伝情報（DNA）の最大の所有者となっている．これらバクテリオファージが海洋中の全バクテリアの20～40％の細胞を毎日破壊しているとの試算もある．ウイルスによる驚くべき回転率によって海中に放出された微生物分解物が海洋全体を，特に日光の届かない深層の海水を肥沃にするのだ．

光に依存しない炭酸固定を行う化学合成微生物は，熱水噴出孔の周辺や海底冷水湧出帯での微生物生態系を支えている．海面下何百 m もの深さの深海堆積物にも原核生物や真菌からなる生態系が古来より形成されているのだ．アーキアやバクテリアはそれよりさらに深い地殻の中でも生育していて，マントルからの熱によって死滅しない限り，その生息は維持される．このように隠れたバイオマスを地下生物圏とよび，未解明な部分は多いながらも，海洋や地上のすべての環境中に生息する全生物を超える生物量が存在すると推測されている．いまだに論争が続く地下生物圏ではあるが，このコンセプトは生物圏に対する従来の考え方を変革するものである．微生物の生息範囲が惑星規模で大きく拡大することになるだけでなく，太陽系内外の惑星において微生物が存在する可能性までも示唆するのである．

土壌という複雑な環境に生きる微生物

水界に比べ，土壌は微生物にとってより複雑な生息環境といえる．それは3次元的な構造と化学的性質をとっているからだ．さらには，微細構造から地理学的差違といった膨大な範囲での多様性まで持っている．土壌の物質的構造は砂粒（0.02〜2 mm）と，それより小さなシルト（0.002〜0.02 mm），そしてバクテリアよりもさらに小さい粘土粒子（0.002 mm以下）の構成比によって決まる．砂粒に富む土壌は通気性こそ高いが，シルトや粘土を多く含む土壌より栄養源は少ない．

結晶構造を有する粘土粒子は浸透する水からミネラルを吸着する性質を持っている．そして，粘土に吸着したミネラルは植物の根から吸収されることになる．粘土粒子の大きさはとても小さいので，その表面積は非常に大きくなる．1 m^3 の粘土粒子の表面積は，なんと600万 m^2 である．この広い表面が，吸着などの物理化学的反応を起こすための場となっているのだ．

動植物遺体は土壌中の小さな無脊椎動物や微生物によって

細かく砕かれて，さらに分解される．このような分解物で土壌は栄養分に富んでいるのだ．また，土壌の中には腐食質（フミン質）という水に溶けない有機物が多量に含まれている．このフミン質の分解速度はきわめて遅く，数百から数千年の時間をかけてゆっくりと低分子化していく．このフミン質が土壌構造に影響し，水分含量や栄養分の保持に寄与しているのだ．

土壌は微細構造的な複雑さを持つだけでなく，きわめて多様に変化する環境ともいえるだろう．ミネラルの濃度は容易に変化するし，温度も常に変化する．土壌粒子表面でのほかの微生物との競合も日常茶飯だし，ウイルスの攻撃だってあるはずだが，土壌中のバクテリアはこのような運命をうまく管理している．エネルギー生産が持続できるように，そして細胞分裂の可能性を最大限にするように，バクテリアは小さな細胞の中で遺伝子発現を常に調整しているのだ．べん毛を持つ細胞は土壌粒子表面の水の層を移動できる．溶存酸素や栄養分の濃度勾配に沿って，またはほかの生物が分泌した代謝物質に向かって移動するのだ．移動能を持たない細胞はその場に留まり生育するが，土壌中に浸透する水によって押し流されたり，土の中を動き回る線虫をヒッチハイクして遠方まで移動することもあるだろう．

ほんの一つまみの土の中にも多種多様な微生物が含まれている．土壌の化学的性質に対する微生物の影響を大雑把に説明されたところで，生育環境中の生態学的複雑さの理解にはなかなかつながらない．微生物集団がその周辺環境に与える影響と，顕微鏡スケールでの詳細な化学的性質との間にある大きなギャップを，海洋やそのほかの生育環境に直接当てはめるようなものだ．われわれは，バクテリアの細胞１個分というような微小空間を把握すること不慣れであるが，このことは微生物生態学を考えるうえでとても重要な視点なのである．

１gの肥沃な森林土壌は１億個の原核生物を含んでおり，メタゲノム解析からそれが数千の異なる種類に分けられることが明らかとなっている．これら遺伝学的に分けられたものを**種**とよびたくなるが，微生物学者が用いている系統型（ファイロタイプ）やOTU（Operational Taxonomic Unit：運用分類単位）が示しているのは種とは異なる概念である．OTUとは遺伝子配列の類似度を指標に分類した時に用いられる単位のことであり，遺伝子解析の際にほかのものとは十分に区別することができる類似性の高い遺伝子配列を持った原核生物の一群を指す．異なるOTUの微生物は別種となるが，同一OTUに分類されたものすべてを同種であるということはできない．

この不確実性の一端は微生物の**種**が定義しづらいことによるものだ．生物学者は通常生殖不和合性に基づいて**種**を定義する．つまり，生殖によって子孫が残せるか否かで，同種か別種かがわかるのだ．しかし，動物学と植物学の大半の生物に適用可能なこの“ルール”が，有性生殖を行うことのない原核生物には有効ではないのだ．さらには実験的に生殖不和合性を確かめることのできない単細胞の真核微生物にも同じく適応不可能となる．

また，メタゲノム解析で検出されている微生物の大半が分離培養されていないことからもわかるとおり，これら微生物の**種**または**種類**の性質がまったく明らかになっていないことが，さらに状況を複雑にする原因となっている．これはわれわれ微生物学者が，一つまみの土に生息する微生物ですら，その生理学的な多様性や個々の性質について理解しきれていないことを示している．とはいえ，メタゲノム解析は，土壌中の微生物の驚くほどの多様性を明らかにし，異なった地点の異なった特徴を持つ土壌中の微生物多様性の違いを客観的に比較することにも役立っているのだ．

土壌中のウイルスの数はそこにすむ細胞を持つ生物の数をしのいでいる．また，バクテリアに感染するバクテリオファージの遺伝的多様性は計算上，無限大といえる．土壌中とそれ以外の場所に生育するバクテリアを調べてみたところ，バクテリア 1 種類あたり個別に 10 以上の種類のバクテリオファージの餌食になっていると見積もられたという．これが正しいとすると，土壌中の 1000 万種のバクテリアが 1 億種類のバクテリオファージを養っているという計算になる．

ウイルスに**種**を適応するのは，バクテリア以上に問題がある．われわれは遺伝子配列の新規性に基づいて得られた任意の基準に従って，異なった種類のウイルスであると判断しているのみである．ただ，遺伝子配列比較研究からは，これらバクテリオファージの遺伝的多様性が途方もなく大きく，容易に“新規の”ウイルス遺伝子が，10 億種類どころではなく，発見されることが示されている．アーキアや真核生物に感染するウイルスもまた，はかり知れないほど巨大な遺伝情報の貯蔵庫となっているのだろう．

窒素循環に関与するバクテリア

プロテオバクテリアは土壌の中に一般的に見られるバクテリアである（そのほかアクチノバクテリアやファーミキューテス，アシドバクテリア，バクテロイデテスなどが土壌中にいる）．土壌中のプロテオバクテリアには紅色光合成細菌やシュードモナス，ミクソバクテリアなどが含まれる．

リゾビウムはプロテオバクテリアに属するバクテリアであり，マメ科植物に共生してその根に根粒という構造体を形成するので，根粒菌ともよばれる．リゾビウムは大気中の窒素からアンモニアをつくり出すことができる．この能力を窒素固定とよぶが，リゾビウムは共生するマメ科植物に自らが固定したアンモニア，それから合成したアミノ酸などを提供するのだ．マメ科植物はその見返りにリゾビウムのエネルギー源となる脂肪酸などを供与する．

また，土壌中には，アンモニアを亜硝酸塩に，あるいは亜硝酸塩を硝酸塩に酸化して生きる硝化バクテリアがいる．リゾビウムと同じくプロテオバクテリアに属する硝化バクテリアではあるが，リゾビウムのように植物と共生をすることなく，独立生活を営んでいる．また，硝化バクテリアは独立栄養生物であり，アンモニアや亜硝酸塩を酸化して得たエネルギーや還元力を使って炭酸固定を行い，有機物を合成することができる．

アンモニアを酸化する能力はアーキアの中にも見られる．土壌中では，硝化バクテリアよりも硝化アーキアのほうが数的に多く，アーキアが硝化作用に関して重要な役割を演じているとの報告がある．なお，アンモニアの酸化を触媒するのはアンモニアモノオキシゲナーゼという特殊な酵素で，その遺伝子（*amoA*）が，遺伝的多様性解析の際の指標遺伝子となっている．

土壌中にはまた，硝酸塩や無機窒素化合物を窒素分子に還元して大気にもどす微生物もいる．この作用は窒素ガスを発生することから脱窒とよばれる．脱窒を行うのもおもにプロテオバクテリアである．脱窒反応は嫌気条件で起きる反応であり，土壌の中でも深い層で起きていると考えられる．そこでは酸素の代わりに硝酸を最終電子受容体として用いる嫌気呼吸（硝酸呼吸）が行われていて，この硝酸呼吸の結果，窒素ガスが放出されるのである．

土壌中の真菌

土壌にすむ真菌は，原核生物のような多様な代謝活性を示すことはない．それらのすべてが従属栄養的であり，ほかの生物が生産した有機物を消費して生きている．しかし，土壌真菌の糧となるものは多岐にわたっている．バクテリアや線虫，植物，そのほかの土壌にすむ生物，さらには植物組織の分解物など，それらすべてが真菌の栄養となる．

土壌真菌の形態的な多様性も大きく，湿った土壌中を泳ぐ単純な単細胞生物や，動植物遺体に菌糸を伸ばしてそれを分解する糸状性のものなどさまざまである．中には，森林の中の何千ヘクタールという広大な範囲に巨大な地下コロニーを形成するキノコの仲間もある.

真菌の中には，植物から栄養源の供給を受けるため，植物体に侵入して菌根という共生体を形成するものもいる（図22）. 外生菌根とよばれる共生体は樹木の根または灌木（かんぼく）に菌根菌であるキノコの菌糸が入り込むことによって形成されるが，菌糸が細胞壁を超えて細胞の内側まで入り込むことはない（図22左）. 外生菌根は温帯または亜寒帯の主要森林構成樹の根に形成されることが多い. 菌糸が根の表面を覆って密な菌鞘（きんしょう）（マントル）を形成し，そこから菌糸が細胞と細胞の間を縫うように複雑に伸びて，水分や栄養成分を交換する精巧なインターフェースがつくり上げられている. 外生菌根を形成する菌根菌は複数の同種の樹木（または異種の樹木も）の根を根外菌糸でつないで大きなネットワークをつくり上げる. 外生菌根と根外菌糸によって接続されたネットワークは，低濃度の養分やわずかな水分の吸収促進，病原菌や有害物質からの保護などの機能を持ち，森林構成樹の成長や保全に役立っている.

また別の菌根として，アーバスキュラー菌根菌によって形成されるものがある（図22右）. このタイプの菌根は陸上植物の90%に見られるものである.

アーバスキュール（樹枝状体）は，菌糸が植物の根の皮層に侵入して根の細胞に形成された細かく分岐した細胞である. ただし，侵入した菌糸は細胞膜をくぼませるだけで，それを突き破ることはない. こうしてたがいの細胞膜を介した

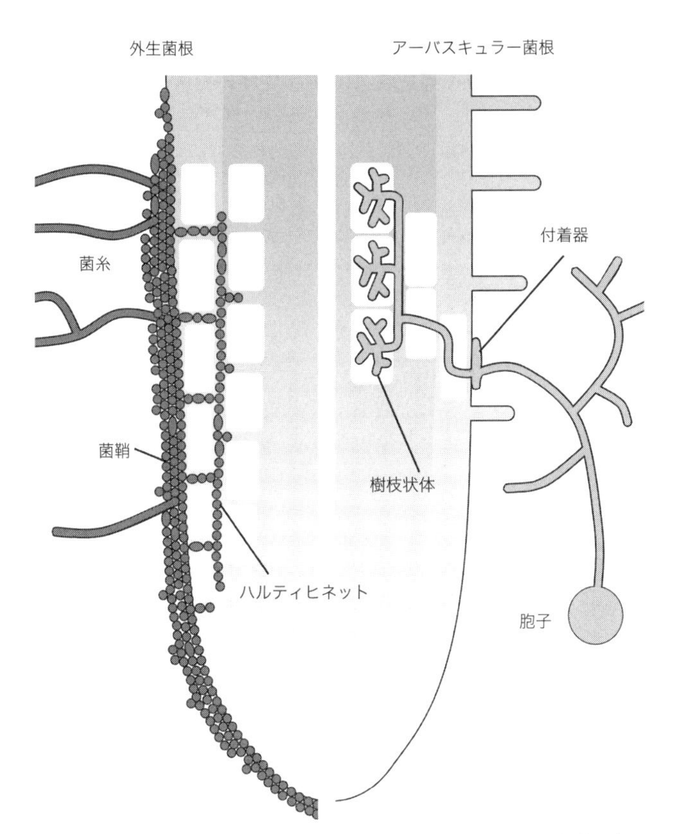

図 22　植物の根に寄生する菌根菌．外生菌根（左）の場合は，植物の根を包むように菌鞘（マントル）が形成され，そこから根の細胞の間に菌糸が伸び，ハルティヒネットとよばれる編み目構造が発達する．アーバスキュラー菌根（右）では，樹枝状体（アーバスキュール）という分岐した菌糸が細胞内まで侵入している．

インターフェースが確立する．アーバスキュラー菌根菌は分岐を繰り返し，根の周辺により広くて複雑な吸収ネットワークをつくり上げる．この広範囲に発達した付属のネットワークによって植物は水分の吸収を効率よく行えるようになる．また，菌糸は土壌中の低濃度のリンやミネラルを吸い上げて，植物の成長を助ける．この見返りに，光合成で生産した有機物を植物から供与され，アーバスキュラー菌根菌は相利共生的に生育しているのである．

これら2つとは異なるタイプのものに，菌根菌とラン植物で形成されるラン菌根がある．この場合は，植物であるランのほうが菌根菌に寄生しているというほうが正しいだろう．植物遺体を分解して生きる腐生菌と菌根をつくり，その腐生菌から栄養の供給を受けているのだ．オニノヤガラなどの葉緑体を持たないランの場合，自らが成長するためのエネルギーや有機物の大半を菌根菌に頼って生育しているのである．

動物と微生物の共生関係

われわれだけでなく，すべての動物が微生物と共生関係を結んでいる．昆虫はバクテリアや真核微生物を腸管内に同伴しているし，無害な微生物を外骨格の上で養い，時としてそれらに感染し，餌食となる．最大限に広い意味に解釈してだが，これらの相互関係はすべて共生であると見なされる．共生のより一般的なとらえ方は，相互に支え合う関係，すなわち相利共生であろう．

相利共生の興味深い例として，シロアリとその一風変わった腸内微生物との関係が挙げられる．シロアリはトリコニンファやそれに近縁の嫌気性原生生物（スーパーグループではエクスカバータに属する真核生物）を腸内にすまわせている．シロアリ自身がそのままでは利用することができないセルロースを，これら原生生物に分解してもらうためである．シロアリが食べ，粉砕した木片（セルロース）はファゴサイトーシスによりトリコニンファの細胞内に取り込まれ分解されて糖が生じる．この糖を基質として発酵することによって，発酵産物として酢酸ができる．シロアリはこの酢酸をエネルギー源として吸収して生育しているのだ．シロアリとトリコニンファの間では相利共生関係がしっかりとできあがっている．セルロースの取り込みと断片化を前者が担って，その分解と発酵を後者が行う一方，後者が発酵産物として排出した酢酸の除去（消費）を前者が行うというように，だ．

ただ，シロアリの腸内での共生関係はもう少し複雑なのである．というのも，トリコニンファ自体もその細胞内に大量のバクテリアを共生させているのだ．共生原生生物の中に共生するバクテリアの役割は，ビタミンとアミノ酸の合成であると考えられている．木質を食べるシロアリの腸内は窒素源の少ない環境であり，窒素を含んだアミノ酸の合成やリサイクルは腸内微生物のみならず宿主にとっても重要なのだ．シロアリは，このような二重の共生関係が見られる興味深い生物なのである．また，このトリコニンファの細胞表面には別のバクテリアが共生しているのだ．顕微鏡下で，この原生生物は巻き毛でできたカツラを被っているように見えるが，このカツラの毛はスピロヘータというバクテリアなのである．

細胞の外に寄生しているので“細胞外共生”というべきかもしれないが，細胞表面に多数付着したスピロヘータが繊毛の代わりをしているとの報告もある．また，シロアリの腸内にはこればかりではなく，さまざまなバクテリアに加えてアーキアも生息している．その中には，現存するいかなる原核生物とも近縁ではない，まったく新たな系統の未知分類群が数多く含まれているのだ．

1. キノコを栽培するシロアリ

シロアリの中には一風変わった共生関係を腸内原生生物ではなく担子菌（キノコ）と結ぶものがある．熱帯地方に見られるキノコシロアリである．その名のとおり，セルロース分解のためにシロアリタケとよばれるキノコを栽培するのだ．キノコシロアリはアリ塚の中に，自らの糞を積み上げて，キノコを栽培するための菌床をつくる．セルロースに富んだ糞はシロアリタケにより分解される．

また，南アメリカから北アメリカ南部にはハキリアリという異なる種類のキノコを栽培するアリ（アリとシロアリは名前こそ似ているが，まったく別種類の昆虫である）がいる．ハキリアリは植物の葉を切り取っては巣の中に運び込み，その葉にキノコを植えつける．そして，葉の栄養を吸収して育ったキノコを食べるのだ．もう1つの共生微生物をハキリアリは表皮の上で育てている．放線菌とよばれるバクテリアの一種である．その放線菌は抗菌物質を生産することによって，ハキリアリに貢献している．栽培キノコをだめにしてしまう寄生性真菌類が巣に侵入するのを防いでいるのである．

2. ほかの節足動物での腸内微生物の共生

シロアリと腸内微生物との間に見られる興味深い共生関係は，そのほかの虫にも広く存在している．シロアリに近縁なキゴキブリは朽木の中で一生を過ごすが，この腸内にもバクテリアを共生させた嫌気性原生生物がいて，セルロースの分解を担っている．このトリコミケス綱に属する原生生物はシロアリやキゴキブリなどの昆虫だけではなく，ダンゴムシのような小型甲殻類やムカデ・ヤスデといった多足類など多くの節足動物の腸内にも生息している．これらの共生関係の詳細はまだ明らかになっていないが，原生生物の腸内での共生がすべての宿主にとって重要であることに疑いはない．

ただ，このように典型的な相利共生ばかり強調して論じていると，すべての多細胞生物がどのようなかたちにせよ微生物と共生関係にあるという真実を見過ごすかもしれない．いかなる生物もたった一人で生きていくことなどできないのだ．

季節で大きく変動する湖沼の微生物構造

河川や沼などの淡水環境にすむ微生物の総数は，土壌より少ない．1 mL の川の水には一般的に 100 万個の微生物が存在すると見積もられていて，それは同じ体積の土の微生物数の 1/100 程度にあたる．淡水環境中の生態系での一次生産は水生植物やシアノバクテリア，藻類による光合成でまかなわれている．物質生産に大きく貢献する植物プランクトンにはクリプト藻や珪藻，渦鞭毛藻（うずべんもうそう），ユーグレナ藻，緑藻などが含まれている．中でも緑藻はさまざまな細胞形態を持つことが知られていて，鞭毛を持つ単細胞のものから，美しい群体を形成するボルボックス，弓状細胞を持つイカダモ，星形や雪の結晶のような形のクンショウモなど多種多様である．これら光合成生物による炭酸同化が，従属栄養微生物や無脊椎動物，脊椎動物を含む多様な環境中の生態系全体を支えているのだ．

湖沼のプランクトンの活性や構成は温度と酸素濃度の変化によって大きく変動する．温帯地域の湖沼では，夏季に湖水が温められると，温度が上がって密度が軽くなった水が上層に移動し，光の当たりにくい下層の水は低温のまま下層に留まることになる．これにより湖水が異なる温度の上層と下層に分けられることになり，この温度の境界は変温層（または温度躍層）とよばれる．このような水が層になる状態は夏の間はきわめて安定的で，変温層より深い層では，呼吸による消費で酸素濃度が著しく低下して，嫌気条件になる．そして嫌気となった下層では嫌気性のバクテリアやアーキアが増殖するのである．

冬季になると湖面の水が冷え，温度が低下することによって密度が上昇し，湖底へと沈み込んでいくことになる．これによって，湖水全体が撹拌（かくはん）されて，嫌気的であった下層にも酸素がもたらされ，上層に好気微生物，下層には嫌気微生物という層構造が崩れることになるのだ．

河川や湖沼の窒素循環にも，土壌で説明したように，さまざまな微生物がかかわっている．大気からの窒素同化はおもにシアノバクテリアによって行われ，アンモニアから亜硝酸，硝酸への段階的酸化は硝化バクテリアによるものだ．嫌気条件では硝化と正反対の脱窒が起き，硝酸は分子状窒素となって大気にもどされる．淡水環境でも嫌気的なアンモニア酸化（アナモックス）が起こっており，これによっても分子状窒素が放出されている．

微生物による必須元素の循環

窒素が生物にとって重要なのは，それがタンパク質や核酸の構成要素であることからも明らかである．生物が生きていくために必須な元素は窒素と炭素，酸素，水素に留まらず，硫黄や鉄，リン，カルシウム，ケイ素などが必要とされる．これらの必須元素は微生物によって吸収され，生体分子に取り込まれ，やがて分解されて放出される．

タンパク質の構成要素の１つである硫黄は，天然には岩石の中に集積された元素といえる．風化作用により岩石から溶け出した硫黄は，硫酸イオンとして海へと流れ込む．また，火山活動によって硫化水素や亜硫酸といった気体として大気中に放出されてもいる（われわれが化石燃料を燃やすことによって地球規模で放出している亜硫酸ガスも無視できない）．硫酸還元菌も，土壌や海洋環境中で硫化水素を放出している．硫酸還元菌は水素や有機物を酸化して生きる嫌気性の原核生物であり，酸素の代わりに硫酸を使った呼吸（硫酸呼吸）を行っている．湿地や干潟で卵の腐ったような匂いがするのは，硫酸還元菌が放出する硫化水素のせいである．海底熱水噴出孔などの超高温環境には，硫酸ではなく硫黄を使った呼吸を行う好熱性アーキアがいて，硫化水素を放出している．これと逆に，硫化水素や硫黄を酸化してエネルギーを得ている微生物もいる．独立栄養性の硫黄酸化バクテリアやアーキアがそれにあたるが，緑色硫黄細菌や紅色硫黄細菌などのバクテリアは光エネルギーを使って硫化水素や硫黄を酸化することができる．

鉄においても，バクテリアやアーキアによる酸化・還元を介した同様の循環が行われている．鉄還元菌は嫌気性のバクテリアまたはアーキアで，酸素の代わりに酸化鉄を用いて呼吸する（鉄呼吸）．酸化鉄が呼吸によって還元鉄になる還元反応は，湛水（たんすい）した土壌などの嫌気環境で見られる．逆に，還元鉄を含んだ地下水が湧き出るところでは，それをエネルギー源とする鉄酸化バクテリアがいる．炭鉱廃水などの酸性環境でもバクテリアによる鉄酸化反応は起こり，発生する不溶性の酸化鉄が沈殿してオレンジや茶色の堆積物を成しているのが観察される．

ケイ素とカルシウムも微生物によって大きく循環される元素である．珪藻や放散虫などのプランクトンの殻や外部骨格はケイ素の酸化物であるケイ酸によって形成されている．これらのプランクトンの死骸は溶けながら海水中を沈んでいく．これが“マリン・スノー”の成分の１つである．また，海底に堆積してケイ質軟泥を成し，長い時間をかけて珪藻土という堆積岩になる．珪藻土は太古の湖，または海に膨大な数の珪藻が生きていたことを示す証拠である．

細胞表面にカルシウムの薄片を付着させている円石藻（スーパーグループではハクロビアに分類される）は，溶存元素を結晶化して硬質の細胞構造に取り込むもう１つの例だ

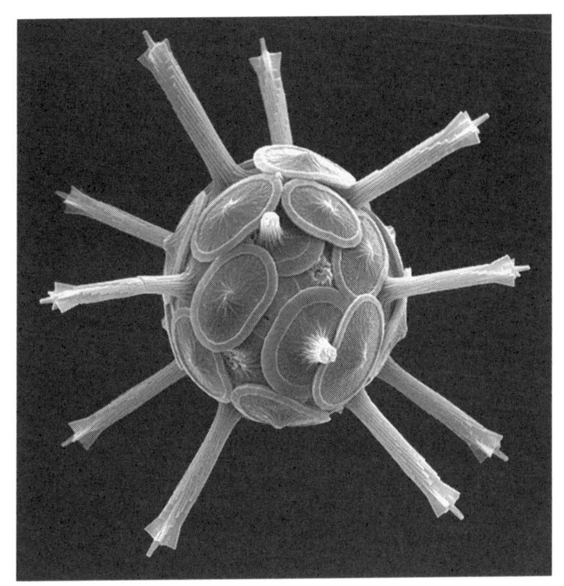

図 23　海洋性藻類，円石藻の電子顕微鏡写真．円石とよばれる炭酸カルシウムでできた小片を細胞のまわりに付着させている．

(図 23)．この藻類は海水中のカルシウムと炭酸水素イオンを吸収して，円石とよばれる炭酸カルシウムの薄片をつくる．そして，この円石を細胞の外側に鎧（よろい）のように付着させるのである．

円石の形成は地球大気に対しても重要な影響を及ぼしている．この藻類に用いられる炭酸水素イオンは大気中の二酸化炭素が海水に溶け込んだものだからだ．つまり，円石藻の円石は二酸化炭素の貯蔵庫といえる．この藻類が死ぬと，円石は海の中を沈降して，やがて海底に堆積していく．この膨大な量の炭酸カルシウムの堆積が，海水を弱アルカリ性に保ち，二酸化炭素を溶け込みやすくすることによって大気中の濃度を下げるのに役立っているのだ．イギリスのドーバーにあるホワイト・クリフは，何百万年もの長い時間をかけて円石藻が堆積した結果である．白亜紀に繁栄し，死んで堆積した無数の円石藻があの荘厳な白亜の崖をつくり上げたのである．

円石藻は大気中の二酸化炭素の調整だけでなく，雲の形成にも影響している．この藻類の活動によって海水中で生じた多量なジメチルスルフィド（DMS）は，大気に拡散して雲を形成する核となる．

微生物は大気の二酸化炭素濃度の調節に大きく関与している．程度問題ではあるが，工業国によって汚された大気だって改善する能力がある．全微生物の酸化分解によって発生する二酸化炭素量は膨大で，化石燃料の消費によって発生する量をはるかに凌駕（りょうが）する．だが，放出された二酸化炭素は，陸上植物ばかりでなく，膨大な数の光合成または化学独立栄養性の微生物によって吸収されている．こうして数百万年もの間，大気中の二酸化炭素濃度は比較的安定してきたのである．しかし，われわれが行っている石炭や石油，天然ガスの燃焼によって，この均衡は破られつつある．大気中の二酸化炭素量は増大する傾向にあり，地球温暖化が引き起こされているのだ．人類の活動によって排出される二酸化炭素の30〜40%は海（や湖や川）によって吸収されるが，それが天然の吸収剤としての能力の限界でもある．大量の二酸化炭素を吸収することによって海水は酸性に傾き，海洋生物全体に深刻な影響を与えはじめている．海水の酸性化と温暖化は，円石藻の円石形成に大きな影響を与え，サンゴの成長に必須な渦鞭毛藻（褐虫藻）の減少を引き起こしているのだ．気候変動の原因と結果をきちんと把握するためには，その基礎となる微生物生態学を理解しておく必要がある．

極限環境に生きる微生物

微生物，とくにバクテリアとアーキアには，ほかの生物が耐えることのできない環境で生育するものがいる．このような原核生物や酵母，糸状性真菌は極限微生物とよばれる．これら極限微生物は，ほかのいかなる生物の生育も許さない高温や低温環境（このような環境で生きるものを，それぞれ好熱性微生物，好冷性微生物という），極端に酸性やアルカリ性の環境（好酸性微生物，好アルカリ性微生物），塩濃度がきわめて高い環境（好塩性微生物），乾燥した環境（乾性微生物），致命的な線量の放射線下（放射線耐性微生物）で生育できる．大西洋中央海嶺（かいれい）の海底熱水噴出孔で発見されたピュロロブス・フマリイ *Pyrolobus fumarii* というアーキアは 113 ℃で生育する．この超好熱菌は 90 ℃以下では“凍りついて”しまい，細胞分裂を起こさなくなる．また，超好熱性メタン生成アーキアのメタノピュルス・カンドレリ *Methanopyrus kandleri* が 122 ℃で増殖可能な菌であるとの報告があり，これが生命の最高生育温度とされている．これは高圧蒸気滅菌器を用いて，実験器具を滅菌するすべての菌を殺すとされる温度である 121 ℃を超えるものであり，驚くべき生育温度であるといえよう．これらの超好熱菌は，高い温度でも活性を失わないように酵素の構造を改変し，また熱によって変性したタンパク質をふたたび正しく折りたたむメカニズムを進化させたことにより，このような高温に耐えることができるようになったと考えられている．

一方低温側では，南極の湖の底にすむメタン生成アーキアのメタノゲニウム・フリジダム *Methanogenium frigidum* が，その 1〜2 ℃である環境中でメタンを生成し，生育していることが確かめられている．酵素機能が低温でも保たれるよう，この好冷菌の酵素は分子構造の柔軟性を維持するように改造されている．

メタノゲニウムの細胞分裂の速度は，20 分ごとに分裂する大腸菌に比較することができないほどに遅く，1 か月に一度である．氷山の亀裂や深海の冷たい堆積物の中などの低温環境は，このような好冷菌で満ちているのだ．

コールタールの中にもバクテリアやアーキアは見つかっている．天然のアスファルト湖であるトリニダード・トバゴのピッチ湖の粘度の高いタールの表面には，生物（メタン生成アーキア）がつくったと考えられるメタンの気泡が見られる．この天然アスファルト中に森林土壌に匹敵する数の微生物が存在するといわれている．このようなほとんど水分を含まない環境に多数の微生物がいるというのは矛盾しているように感じられるが，バクテリアやアーキアは，氷山の亀裂に浸透した海水中で生育するのと同様に，タール中に見られる塩分を含んだ小さな水滴の中で生きているのであろう．

アーキアは，自動車のバッテリー液と同等の酸性度を持った温泉や，虫さされに塗るアンモニア水同様のアルカリ性を示す湖水にも生育している．酸性に特化した細胞は，水素イオン濃度の高い細胞外へのプロトン（水素イオン）の排出機構を発達させている．好アルカリ性のものでは，逆に水素イオンに乏しい外部環境から積極的にプロトンを取り込む機構を持っている．

塩湖やむき出しの岩の表面に生きるものの場合は，細胞質からの水分の蒸発に対抗する必要がある．好塩性や乾性の微生物は，細胞質内に糖やアミノ酸誘導体，塩などを蓄積して浸透圧による滲出に対抗したり，細胞壁を厚くして蒸散を避けたり，またあるものは細胞膜面積を増やすことによって水分吸収やイオンの交換を効率化することによって，それぞれが極限環境に適応している．

放射線耐性を示すある種の微生物は，われわれにとって致死的な線量の1000倍以上のガンマ線に耐えることができる．その圧倒的な耐性は，迅速で強力なDNA修復機能によるだけでなく，複数の遺伝子のコピーを持っているからだといわれている．放射線耐性菌は損傷していない遺伝子を鋳型として，破壊された遺伝子を修復できるのだ．

このような極限環境微生物の発見が暗示するのは，地球外生命体の存在である．いまだに地球外生命体がいることを明確に示す証拠はないが，この太陽系内にも極限微生物の生育する極限環境に類似した環境が見つけられているのだ．たとえば，土星の衛星であるタイタンはメタンを含む厚い大気の層を持つ．また，土星の第二衛星のエンケラドスには氷の粒子や水蒸気を噴出する火山活動が見られている．木星の衛星のエウロパの厚い氷に覆われた海も地球外生命体がいてもおかしくない環境といえるだろう．

地球外――この太陽系だけでなく，さらに遠くの恒星系のゴルディロックス惑星（生命が誕生するのに適した惑星）――で生命が発生する可能性を確かめるための研究ははじまったばかりである．地球外生命の発見は，われわれの生命の起源が地球外である可能性を高めるものとなるだろう．しかし，それは「どのようにして生命ははじまったのか？」という生物学最大の謎に対して答えを与えてくれるわけではない．

太平洋東部や大西洋中央の海底には中央海嶺という，地下からマグマが供給され地殻が形成されている大きな割れ間がある．この海嶺では，チムニーとよばれる熱水噴出孔が多数見つかる．チムニーとは海底面から突き出した煙突のような構造で，確かにその上部先端からは煙を噴き出しているように見える．黒い煙を噴き出すものをブラック・スモーカー，白色の煙のものはホワイト・スモーカーとよばれる．煙（正しくは熱水であるが）の色は含まれる硫黄化合物や金属の含量，熱水の温度によって変わる．噴き出している熱水が海底で急に冷やされることによって，熱水に溶けていたミネラルが堆積し，積み重なってこの煙突状の構造ができあがるのだ．海底熱水噴出孔には特殊な生態系が見られる．日光の届かない海底にあるため，生態系の一次生産者は光合成生物ではない．硫化水素や水素，メタンなどを酸化して生きる化学独立栄養微生物がその生態系を支えているのである．

このチムニーの研究から，細胞を形づくる細胞膜の起源に関してのきわめてユニークなアイデアが示されている．アルカリ性の熱水を噴き出しているチムニーにおいて，チムニーを形成している多孔質の堆積物中に自然とpHの勾配が生じているのだ．pHの勾配とは，すなわち水素イオンの濃度勾配であり，電子伝達系で膜内外に形成されるものと同じである．つまり，このチムニーにおいて細胞膜と同等の状況が起こっており，これが細胞膜の起源なのではないかというのである．何の客観的な裏づけもない推量であり，この型破りなアイデアが妥当性を持つためには，さらなる検討が必要なことは明白である．

生命と真核生物の起源

38億年前の岩石中に細胞状の微化石が見つかることから，生命の起源はその頃ではないかと考えられている．また，35億年前の化石からシアノバクテリアに似た微化石が発見され，酸素発生型光合成の起源であるとの報告があったが，それがシアノバクテリアであることを確かめるための形態以外の情報が一切ないことから現在では否定されている．酸素発生型光合成がいつ誕生したのかについてはいまだ謎であるが，化石中の硫黄の同位体元素の分析から21億年前には大気中に酸素が存在していた可能性が示されており，それ以前には出現していたと考えることができる．さらには，シアノバクテリアの祖先が行う光合成によって酸素が放出されたとしても，すぐに大気に酸素が現れてきたわけではない．その頃の地球はきわめて還元的であり，海中の中にも大量の還元鉄が含まれており，それが酸素の吸収剤となったのだ．発生した酸素は，まず鉄の酸化に使われ，海底には大量の酸化鉄の堆積物ができたのだ．この時に沈殿した鉄は縞(しま)状鉄鉱床とよばれる鉱物となった．なお，27 億～19 億年前の時期に大規模な縞状鉄鉱床が形成とされている．光合成によって発生した酸素は還元的だった地球を酸化し，やがて大気にあふれて，地球全体を酸化的な雰囲気にしてしまったのだ．

真核生物の起源については，核を持つ細胞の年代特定が難しいうえに，諸説入り乱れている状況である．ただ，真核生物の中に存在する細胞内小器官のミトコンドリアと葉緑体がバクテリアを起源としていることは揺るぎのない事実といえる．ミトコンドリアと葉緑体は，双方ともにバクテリアに特徴的な環状ゲノムを持っており，バクテリアの細胞膜に似た内膜に包まれている．また，それらが含むタンパク合成を行うリボゾームも真核生物型のものとは異なっており，バクテリア型である．これらは，バクテリアの内部共生を伴って真核生物が進化してきたことを明確に示唆している証拠であるといえる．

核を含む真核生物の細胞の起源と初期進化に関しては依然論争の的である．しかし，真核生物細胞の起源は，ある種のアーキアであり，そこにミトコンドリアや葉緑体の祖先種となるそれぞれのバクテリアが共生したとする考え方が一般的である．真核生物とアーキアのゲノムの構造などに多くの共通点が見つかることによっても支持されている仮説である．

起源となった細胞がクレンアーキオータ門に属するアーキアであるとするのが，エオサイト仮説である．この仮説に基づくと，真核生物はクレンアーキオータ門に近縁なアーキアのうちの１つの系統となる．つまり，生物は３つのドメインではなく，バクテリアとアーキアの２つのドメインに分けるだけでよいことになる．これは系統進化的には意味があっても，分類学的には悩ましいコンセプトといえるだろう．

なお，エオサイト仮説のほかには，アーキアがバクテリアと細胞融合して真核細胞が生まれたとする説や，メタン生成アーキアが酢酸生成バクテリアを取り込んだのがはじまりであるとの説もある．共生したバクテリアが嫌気条件で有機物を酢酸と水素に分解し，宿主であるメタン生成アーキアがそれを用いてメタン生成する．そのような関係が進化して，やがて真核生物が誕生したとする説である．今後，膨大なゲノム比較研究から得られる膨大な情報を読み解いていくことにより，真核生物の起源という大きな謎を解く鍵も見つかっていくのだろう．

第 7 章

農業とバイオテクノロジーの中の微生物

2050 年には世界の人口が 90 億を超えるともいわれている昨今，現在の集約農業をさらに進めていくためには，自然のメカニズムに頼るだけの土壌管理では不十分である．開拓によって裸にされた土壌は，本来の物理学的構造も，化学的成分も，土着の微生物すら失っていて，そのままでは穀物やそのほかの作物の継続的収穫を望むことはできない．開拓された土地で行われる集約的な放牧も同様に，手を加えない限りは持続されることはない．きわめて肥沃な農地であっても，有機物質や無機肥料による土壌改良なしには穀物の収穫量は落ちてしまう．今日の農業ビジネスは地球全体で年間 24 億トンの穀物（1 人あたり 300 kg を超える）と 5 億トンの油料種子（油を採るための種子）を生産できるという．この農業は当然，石油や天然ガスに依存して行われている産業である．耕作機械を動かすためにも，肥料を生産するためにも，または殺虫剤の原料としても化石燃料は使われているのだ．このような農業生産にかかるコストやそれが地球環境に与える影響を考えて，微生物を用いての安価で環境負荷の少ない土壌改良や病気による作物の被害を防ぐための応用研究が進められている．また，遺伝子組換え作物の開発の手段としても微生物は使われているのだ．より広く微生物が用いられてきた醸造やパンづくり，発酵食品の生産など，古来のバイオテクノロジーの紹介に先だって，このような農業生産にかかわる微生物について考えてみたい．

微生物を用いた肥料・農薬

土壌を肥沃にする微生物学的効果としては，根粒の中に共生するリゾビウム（根粒菌）や土壌中で自由生活するバクテリアによっても行われる窒素固定，真菌やバクテリアによるリンの可溶化，そして高分子を含む有機物の分解を挙げられるだろう．生きた微生物を肥料として使う，いわゆる“微生物肥料”の生産と販売は，比較的新しいビジネスではあるが，2017年には100億ドルを超える市場になると予想されている．

根粒菌を含んだ微生物肥料とともにダイズを植えるのは，ここ何十年も実践され続けている農法である．これにより植物個体あたりの根粒の数が増え，生産性も向上する．自由生活する窒素固定バクテリアであるアゾスピリラムを種子とともに植えるか，または苗が植えられたあぜにすき込むことによっても，穀類の生産性を上げることができる．アゾスピリラムやアゾトバクターなどの自由生活型窒素固定バクテリアは，小麦などの根粒を形成しない作物のための生物肥料として利用されているのだ．

また，糸状性シアノバクテリアを生物肥料として稲作に用いることも行われている．これは窒素固定バクテリアであるシアノバクテリアをそのまま使用するだけでなく，それが共生した浮遊性の水草（アカウキクサ）を湛水した田んぼに放つといったやり方もある．ウキクサに共生したシアノバクテリアが固定した窒素は，ウキクサが死んで分解することによって水の中に分散していく．

植物にさまざまなミネラルを提供する菌根菌も果樹の根の保全のために商品開発され上市されている．また，菌根を形成しない真菌についても，作物のリンの取り込みを向上させる生物肥料として市販されている．

有機農法との相性のよさが微生物肥料の重要な特質であるが，当然のことながら環境負荷も減らせる技術であるといえよう．しかし，世界の農地のたった1%がこの農法を使っているだけという現状では，作物生産におけるわれわれの化石燃料の依存度がすぐに下がることはないだろう．

植物病原性を持つものは真菌にもバクテリアにもウイルスの中にもいて，それらは穀物生産に損害を与えているが，昆虫や線虫といった（微生物より大きな）小動物も農作物に著しい被害を及ぼしている．また，これらとともに腐食栄養性生物が，保管中の穀類などの農産物にも損害を与えるのだ．昆虫や線虫などの害虫などによる穀物生産の損失を抑えるのにも，微生物は使われており，多くの成功を収めている．**微生物農薬**とよばれるこれらの“生きた農薬”には，バキュロウイルスや土壌バクテリア，真菌が含まれている．

バキュロウイルスは昆虫に感染する二本鎖DNAウイルスである．複数のウイルス粒子が多核体とよばれるタンパク質の結晶に包まれており，農作物の表面に噴霧されたといった場合でもこの多核体によってウイルスの感染力は守られている．多核体が虫の幼虫に食べられて腸に達すると，ウイルス粒子が放出されて，幼虫の細胞に感染する．ウイルスの増殖はさまざまな細胞にダメージを与え，やがて幼虫は内部から崩れて死に至る．破れた表皮から大量の多核体がまき散らされ，新たなる感染につながっていくのだ．バキュロウイルスはリンゴやナシの害虫であるコドリンガの抑制に用いられているほか，森林害虫のマイマイガを駆除するために，毎年何千ヘクタールもの広さの森林に散布されている．

バチルスやシュードモナス，ストレプトマイセスなどのバクテリアは農作物の生育促進に効果があるばかりではなく，ある種の病気を予防する目的でも用いられる．これらバクテリアが，ともすれば根圏で増殖してしまう病原性微生物と競合し，それを打ち負かすのだ．バチルス・チューリンゲンシス *Bacillus thuringiensis* はBt毒素というタンパク質を生産するため，とくに効果的な微生物農薬となる．Bt毒素は，ある種の害虫（鱗翅（りんし）目昆虫）の腸内で分解されると毒性を発揮し，死に至らしめる．このバクテリア（またはそれが生産するBt毒素）は農薬の有効成分として，長きにわたって使われ続けている．

真菌に属するボーベリア・バシアナ *Beauveria bassiana* も効果的な生物農薬であり，アブラムシやコナガなどの駆除に使われる．また，酵母の一種であるカンジダ・オレオフィラ *Candida oleophila* を果実の表面に塗ることによって，収穫後の腐敗を抑えることができる．

遺伝子組換え作物

アメリカ大陸を中心に遺伝子組換え植物の栽培は広く普及し，市販される食品にも用いられてきている．遺伝子組換え植物は確かに革新的な技術の産物ではあるが，その物議を醸す性質ゆえに栽培や食品への使用に難色を示す国も多いのは事実である．

アグロバクテリウム・ツメファシエンス *Agrobacterium tumifaciens*（訳注：現在はラジオバクター・ツメファシエンスと改名された）は根粒を形成する根粒菌（リゾビウム）に近縁なバクテリアであるが，根粒菌のように植物と相利共生をする微生物ではなく，植物病原菌である．この病原菌は傷から植物体に感染し，腫瘍（しゅよう）の形成にかかわる遺伝子を含むプラスミドを植物細胞に伝達し，腫瘍形成を促す．この植物細胞に遺伝子を運び込む性質は，植物の遺伝子操作にも応用可能である．この病原菌が持つプラスミドは，植物細胞に外来遺伝子を導入するベクター（遺伝子を運搬するもの）として，トマトやジャガイモ，ダイズ，果樹などの遺伝子組換えに用いられている．

また，植物の形質転換には，DNA でコートした金の微粒子を細胞に向けて高速で射出して遺伝子導入を行うパーティクル・ガン法という方法もある．双方の遺伝子導入方法が，バチルス・チューリンゲンシスに由来するBt毒素遺伝子を穀物の細胞内に導入するのに使われている．Bt毒素遺伝子を発現する農作物は，自らその生物農薬をつくれるようになり，栽培中の農薬散布の必要性はなくなるのである．

アメリカにおいて栽培されるトウモロコシやワタの75%以上がBt毒素遺伝子を導入した組換え植物であるが，ヨーロッパ諸国や日本は遺伝子組換え作物の栽培や使用に対して抵抗感を持っている．というのも，Bt毒素を導入した作物はいくつかの厄介な問題を抱えていると考えているからだ．組換えによるBt毒素遺伝子の拡散が，Bt毒素耐性を持った害虫の発生を促す危険性，農地の微生物構成を変化させてしまう可能性，害虫ではない昆虫にまでダメージを与えてしまう潜在性などが，この組換え作物の問題点なのである．また，Bt毒素の土壌中への蓄積が土壌に生息する無脊椎動物に害を与えることも懸念されている．この遺伝子組換え作物の1つの強みは農薬の使用量を減らせることだが，いくつかの調査は組換え作物の栽培がそう簡単にはいかないことを指摘している．遺伝子組換え作物の安全性（すなわち，危険性）を判断する材料となる調査研究の結果は両義的であり，いまだ判断できない状態にあるといってよい．

畜産に使用される抗生物質

畜産や酪農生産で使用される抗生物質量の増加が，論争が尽きない問題の1つといえるだろう．抗生物質の全使用量の半分以上が畜産・酪農の現場で使われており，その多くが家畜や家禽の集約型の飼育で消費されている．ウシやブタ，家禽は，抗生物質を添加された飼料で育てられる．それは感染症を治療する目的ではなく，感染を予防するために用いられている．実際に抗生物質が動物の成育を促進し，産物である食肉のバクテリア数を減少させるという事実は，恒常的な使用を続ける強い動機づけとなる．だが，抗生物質の過剰投与の慣習化の潜在的危険性が指摘されている．これはサルモネラ菌やスタピロコッカス，腸管出血性大腸菌などの病原性バクテリアに新たな抗生物質耐性が生じるのを加速することにほかならないからだ．

EU では治療目的以外の家畜への抗生物質の使用は禁止されている（2006 年から）．アメリカや日本では，食品への残留基準の策定や不必要な使用の削減のためのキャンペーンなどは行われているが，家畜飼料への添加を規制する法律はない．また，抗生物質耐性バクテリア発生の潜在的可能性として，中国でのブタの大規模飼育や規制が緩やかな国々での抗生物質使用が指摘されてもいる．

このことは，人類と抗生物質の関係の中での大いなる皮肉といえるだろう．人類はその歴史を通じて，感染症に悩まされ続けてきた．だが，抗生物質の発見がそれに終止符を打ったはずだ．しかし，その過剰使用がやがて前例のない脅威を産み出すことになったのだ．抗生物質を用いた治療が悪いといいたいわけではない．その判断は次の世代の者たちに委ねるべきだろう．ともすると，いかなる薬物も歯が立たない致命的なバクテリアの脅威にさらされるかもしれない次なる世代に．

微生物による医薬品生産・遺伝子治療

微生物によって生産される抗生物質以外の医薬品に関しては，前述のような両義性は今のところ見当たらない．糖尿病に用いられるインスリンやインターフェロンなどのヒトのホルモン，血液の凝固や溶解にかかわる血液製剤や酵素などは，遺伝子操作された微生物によって生産されている．これらは嚢胞性繊維症や多発性硬化症の治療に使われたり，ウイルス感染やある種のがんの治療に用いられる．

このようなヒトのタンパク質をバクテリアで生産する場合，あらかじめヒトの遺伝情報をバクテリアのタンパク質合成に適合するように変換しておく必要がある．この問題はヒトの遺伝子に限らず，すべての真核生物に共通するものだが，それらがイントロンとよばれる非コード領域を遺伝子の中に持っていることが問題となる．真核生物の細胞内ではスプライシングによってイントロンは切り取られ，成熟型のメッセンジャーRNA（mRNA：第3章参照）がつくられるが，もとよりバクテリアはこの機構を持ってはいない．よって，バクテリアでのタンパク質生産ではイントロンを取り除いておく必要があるのだ．

ヒトの成熟型mRNAを鋳型にして逆転写酵素によってDNAを作成したり，解読されたDNA配列に基づいて人工合成して，相補的DNA（cDNA）とよばれる組換えバクテリアのための遺伝情報ができあがる．完成したcDNAは発現用のプラスミドに乗せられて，バクテリアに導入される．

重篤な遺伝性疾患の治療を目指してウイルスを用いた数多

くの実験的な遺伝子治療が進められている．この遺伝子治療には2つのアプローチが存在する．1つ目は，修正した遺伝子を乗せたベクターであるウイルスを患者に感染させる方法である．2つ目は，患者から組織細胞を分離し，組織培養しながらウイルスを用いて遺伝子改変を行い，患者にふたたび移植するという方法である．

レトロウイルスとアデノウイルスがおもにこの遺伝子治療法の開発に用いられる．レトロウイルスは逆転写酵素を持つRNAウイルスであり，乗せられた遺伝子はそのまま患者の染色体に挿入される．一方，アデノウイルスでは，外来遺伝子は染色体に挿入されることなく，核内へと送り込まれる．これらの遺伝子治療は初期の試験段階にあり，患者の細胞内の染色体に修正した遺伝子を正確に送り込むことも成功してはいない．ウイルスによる遺伝子治療の問題点は，ウイルスベクターに対する免疫反応や標的ではない細胞へのウイルスの感染，宿主のゲノムをかく乱することによるがん化などさまざまである．しかし，遺伝子治療の研究開発は急速に進展しており，やがては地中海貧血や血友病，染色体の転座を伴う白血病，遺伝性の免疫疾患の治療が可能になるかもしれない．

組換え微生物による物質生産

組換え大腸菌によるタンパク質の生産には攪拌(かくはん)機能の付いた培養槽が使われる．発酵槽の中には滅菌した培地（大腸菌が生育するための栄養分を含んだ水溶液）が入っていて，センサーでの常時監視の下，酸素の供給や温度，pHが適切になるようコントロールされている（発酵槽とよばれるものの，大腸菌は呼吸によって生育しており，文字どおりにアルコール発酵や乳酸発酵が起きているわけではない．広義の発酵の定義は**微生物を用いての工業的な物質変換**であり，その意味で発酵槽とよばれるのだ）．なお，バイオリアクターともよばれる発酵槽はさびの発生や生育に障害を及ぼす金属の溶出が起きないようにステンレス鋼からできている．

培養の方法には回分培養と連続培養の2種類がある．回分培養とは，細胞濃度の上昇に伴い培地中の栄養分が少なくなったら，培養を停止して産物を回収する方法である．連続培養とは，細胞濃度を一定に保つように培地の希釈と栄養分の供給をプログラミングして，最適な増殖条件を何週間も維持できるようにする培養方法である．この場合，産物は複数回，連続的に回収できる．このような菌体の増殖速度に合わせて培地の希釈をコントロールする方法や装置はケモスタットとよばれる．

組換えタンパク質の生産では大腸菌が最も一般的な微生物であるが，酵母のサッカロミセス・セレビシエ *Saccharomyces cerevisiae* もヒトのタンパク質の生産の際によく使われる．酵母はヒトと同じく真核生物なので，遺伝子内にイントロンを含んでおり，mRNA のスプライシング機構も同様に備わっている．よって，組換え大腸菌のように，事前に遺伝子を変換しておく必要はないのだ．ただ，発酵槽で大量培養する方法は大腸菌の場合と異なる．酵母は嫌気条件でアルコール発酵により生育する微生物であり，組換え酵母の培養でも同様の培養条件が必要とされる．アルコール発酵ではエタノールが生じるだけではなく，二酸化炭素も発生する．よって，嫌気条件を保ちながら，同時に二酸化炭素を放出してやることが必須となる．

醸造と発酵食品

組換え酵母によるタンパク生産と同様な工程が，アルコールの生産（醸造）に見られる．ただし，醸造における最終産物は当然のごとくアルコールのほうである．酵母はワインやビールの醸造に用いられている微生物である．下面発酵で醸造されるラガービールやリンゴを発酵させてつくるシードルも酵母によるアルコール発酵である．ワインやビールの醸造では，バクテリアの増殖を避ける必要がある．それは風味を損なうことにつながるからだ．しかしながら，オエノコッカス・オエニ *Oenococcus oeni* は，ワイン醸造では歓迎されるバクテリアである．このグラム陽性バクテリアは酸味の高いリンゴ酸を乳酸に変換する能力があり，この作用によりワインの酸味が弱まり，爽やかな風味になるのだ．また，ベルギービールの持つ複雑な酸味は乳酸菌によってもたらされたものである．

1. ワインの醸造

ワインやシードルは糖分をたくさん含んだ果実（ブドウやリンゴ）からつくられる．この場合，酵母によるアルコール発酵は自然と進むことになる．赤ワインは赤や黒色のブドウを，皮を含め丸ごと使ってつくられる．皮に含まれているポリフェノールによってワインが赤く色づくのだ．白ワインの場合は発酵に果汁のみを使用する．ほとんどの白ワインは白ブドウからつくられる．一部のものでは濃い色のブドウが使われるが，色素は使われない皮のほうにあるので，白ワインとなるのである．

収穫されたブドウは潰され，その絞り汁をたるやおけ，またはステンレスの発酵槽の中に入れて発酵が進められる．伝統的なワイン醸造ではブドウの皮に付着していた酵母（または空中から入り込んだ酵母）に頼った醸造が行われてきたが，現在のワイン醸造では特定の酵母を絞り汁に植えつけているようである．酵母はアルコール濃度がある程度高くなると，自らのつくり出したエタノールに耐えきれずに発酵を停止する（酵母にもよるが，アルコール濃度の限界は16％程度である）．発酵に使われずに残った糖がワインの甘みとなるのだ．発酵が終わったワインは酵母を取り除いた後，たるに移されて熟成される．

2. ビールの醸造

ワインやシードルとは異なり，ビールの原料は大麦であり，糖を多糖であるデンプンとして持っており，ブドウ糖や果糖といった低分子の糖類はほとんど含まれていない．よって，酵母による発酵を進めるためにはデンプンを糖に換える必要がある．

ビール醸造の第一ステップは，麦芽づくり（モルティング）である．大麦は発芽を促すために，水に浸けられる．発芽に伴って誘導された酵素がデンプンを分解するのだ．麦芽は粉砕された後，温水と混合されてマッシュとなる．このマッシュの中でデンプンは分解されていき，発酵基質となる麦芽糖が産み出される．発酵に移る前の最後のステップが固液分離であり，麦芽糖を含んだ麦汁（ワート）がこし取られる．この麦汁にホップが加えられ，煮沸される．熱を加えられることによって麦汁内の酵素が失活するとともに，ホップによる風味づけが行われるのだ．

酵母が添加された麦汁は発酵槽の中で発酵を開始する．エールの醸造は，上面発酵で行われる．出芽酵母サッカロミセス・セレビシエを用いた常温発酵であり，酵母は自らが発生した炭酸ガスで上面に浮かび上がり，上面で層をなすのだ．一方，ラガーの場合はサッカロミセス・カールスベルゲンシス *Saccharomyces carlsbergensis* による下面発酵である．長時間かけて行われる低温での発酵のため，活性を失った酵母は発酵槽の底にたまるのだ．なお，酵母によるアルコール発酵は嫌気条件下で起きる糖をエタノールに変換する反応であり，上面発酵でも下面発酵でも発酵槽内は嫌気的である．

3. パンづくりにも活躍する酵母

サッカロミセス・セレビシエは醸造だけでなく，パンやケーキ，パイなどの生地の発酵に使われている．古代ローマではビール醸造の上面発酵酵母をパンづくりにも用いた．そして，この習慣は19世紀まで連綿と続いた．今日のパン製造や家庭でのパンづくりには，生地の発酵にドライイースト という乾燥された酵母が使われている．これらドライイーストはサトウキビから取れる糖蜜を発酵基質として生産されるが，多量の酸素を送り込むことで好気的に培養されている．ビール醸造が嫌気的に行われるのとは逆であるが，ミトコンドリアを持った真核生物である酵母は，このような条件では呼吸で生育する．アルコール発酵よりも呼吸での生育のほうが基質あたりのエネルギー獲得量が大きく，高い収量が見込まれるからである．また，この条件では細胞内のトレハロースの合成が促進される．二糖類のトレハロースは強力な水和力を持ち，乾燥から酵母を守ることができる．これが乾燥されたドライイーストの活性維持にかかわってくるのだ．また，大規模なパン生産では，ドライイーストではなく，乾燥されていない濃縮された液体の形（クリームイースト）で生地発酵が行われている．

パン生地は小麦粉と水，酵母，塩を混ぜ合わせ，練ることでつくられる．生地の中のアミラーゼがデンプンを糖に分解し，それを使って酵母がアルコール発酵を行う．酵母の発酵を促進するために麦芽エキス（麦芽糖だけではなく，アミラーゼを含んでいる）などが添加されることもある．発酵が進むと，それによって発生した炭酸ガスによって生地は膨らむ．生地の中に生じたたくさんの気泡が，焼き上がったパンに柔らかな食感を与えるのだ．

4. チーズも微生物によってつくられる

チーズ製造にも微生物は欠かせない．乳酸菌（ラクトバチルスなど）の乳酸発酵によって牛乳の中にある乳糖から乳酸が生じる．また，乳酸菌は乳酸以外の代謝産物もつくり出して，チーズに独特の風味を与えるのだ．

この発酵乳を固形の凝乳（カード）と液体の乳精（ホエー）に分けるのが，凝乳酵素（キモシン）である．かつて凝乳酵素は殺した子牛の胃の消化液から集められていたが，現在では微生物由来の凝乳酵素を用いるのが一般的である．

糸状性真菌や酵母はチーズの熟成時の風味づけにも役立っている．ブリーやカマンベールの白い硬い皮は糸状性真菌ペニシリウム・カマンベルティ *Penicillium camemberti* の密に発達した菌糸である．ブルーチーズの青や緑色も，ペニシリウム属真菌（ペニシリウム・ロックフォルティ *Penicillium roqueforti* やペニシリウム・ガラウカム *Penicillium glaucum*）がチーズの内部で胞子形成を行ったことによる．この糸状性真菌（青カビ）が生産する代謝産物によってロックフォールやゴルゴンゾーラ，スティルトン，デニッシュブルーといったブルーチーズのふくよかな風味が生み出されているのだ．また，エメンタールの内部に空いている穴は，バクテリアのプロピオン酸発酵によって発生した炭酸ガスの気泡である．

5. 微生物をとことん利用してつくられるアジアの発酵食品

アジアの各国には，多種多様な発酵食品や発酵飲料がある．インドネシアの伝統的な食品であるテンペは大豆などの穀類をリゾパスやムコールという糸状性真菌で発酵させた食品である．中国にはフールーとよばれる豆腐を糸状性真菌（コウジカビ）で発酵させたチーズに似た風味を持った発酵食品がある．また，紅麹（べにこうじ）（モナスカス）で豆腐を発酵させた豆腐ようが日本の琉球（りゅうきゅう）諸島で生産されている．

しょうゆは大豆や小麦からつくられる最も有名な調味料で

ある．アスペルギルス・オリゼー*Aspergillus oryzae* やアスペルギルス・ソジャエ *Aspergillus sojae* で3日間かけて好気的に発酵を行い（麹造り），塩水を張ったたるにその麹を入れて，酵母や乳酸菌を加えて長期間の発酵させる．

微生物がつくり出す燃料——バイオエタノール

バイオ燃料をつくり出しているのも微生物である．サトウキビ，トウモロコシなどから合成されるバイオ燃料も，醸造と同じく酵母のアルコール発酵によるものだ．ブラジルでは，サトウキビの絞り汁を煮詰めて濃厚なシロップである糖蜜をつくり，それを用いて効率のよいアルコール発酵が行われている．サトウキビの絞りかすも，この発酵生産工程を進めるための燃料として使われる．アメリカでのバイオ燃料生産はトウモロコシを原料としているために，少々効率は下がる．というのも，トウモロコシはデンプンを多く含んでいるので，エタノール発酵に先立って精製酵素によるデンプンの糖への分解（糖化）を行わなければならないからだ．

次世代のバイオ燃料生産のターゲットは，麦わらなどのセルロースやリグニンからなる植物遺体である．トウモロコシなどと異なり，非可食部位を使用するため，世界的な食料供給問題に抵触しないすばらしい技術開発といえるが，難分解性のセルロース・リグニンを発酵基質に変換するためには，さまざまな課題を克服する必要がある．

シアノバクテリアや緑藻などの微細藻類もバイオ燃料の潜在的能力を持つものとして，応用研究が進められている．これら光合成微生物が注目されているのは，日光からのエネルギーで生育可能で，環境中に多数存在するという理由からだけでない．光合成微生物の中には細胞の中に油を蓄えるものがあるからだ．その油分を精製してディーゼルオイルやジェット燃料とすることができる．

鉱業で活躍する微生物──バイオリーチング

微生物の持つ多彩な生化学的性質はさまざまな分野で役立てられている．鉱山で鉱石から金属を抽出するのにも微生物がかかわっているのだ．微生物による金属抽出法をバイオリーチングとよび，金属回収が困難なため山積みにされた鉱石からの金属の溶出に用いられているバイオ技術である．鉄酸化バクテリアであるアシディチオバチルス・フェロオキシダンス *Acidithiobacillus ferrooxidans* はバイオリーチングを担っている典型的な微生物である．硫化銅を多く含む低質な銅鉱石からの銅の回収には，酸化型の鉄(III)イオンが使われる．鉄(III)イオンが硫化銅（その鉱石は**銅藍**（どうらん）とよばれる）と反応し，銅イオンが溶出する．溶出された銅イオンはため池に集められて鉄くずを投入することにより，沈殿銅として回収される．この反応の結果，生じた多量の還元型の鉄(II)イオンはアシディチオバチルス・フェロオキシダンスの酸化作用で酸化されて鉄(III)イオンになる．そして，ふたたび硫化銅との反応に用いられるのである．この種の酸化還元反応を利用した技術は，亜鉛やニッケル，金，ウランなどの金属の鉱石からの回収でも用いられている．また，電子機器の基板からの金属の回収にも，同様の技術が応用されているのだ．なお，バイオリーチングに使われるアシディチオバチルスは鉱山廃水中にすみ，そこから分離されたバクテリアである．

土壌や地下水を浄化する微生物──バイオレメディエーション

工業廃水などで汚染された環境の修復や無毒化にも微生物は役立っている．微生物には，鉱工業が排出した有機塩素化合物や油などの炭化水素化合物，そして無機や有機のヒ素などの金属で汚染された土壌や地下水を修復する能力があるのだ．これらのヒトの健康を害する化学物質を，微生物は無毒なものに分解したり，酸化・還元することにより易溶化したり，逆に沈殿させることで環境から取り除くのである．このような研究分野はバイオレメディエーションとよばれている．

菌根菌は，放射線元素を含む有害な金属元素を吸収して，土壌から取り除くのに有効だろう．菌根菌の強力な吸収能力を活用するためには，汚染土壌へ菌根菌の宿主植物となる樹木を植えることが必要だ．または，植樹の前に若木の根に菌根菌を接種するという手段もあるだろう．

白色腐朽菌であるマクカワタケはペルオキシダーゼやラッカーゼなどの酸化酵素を分泌して，倒木などのリグニンを分解することができる．同様の酵素は，石油精製から生じる芳香族化合物，防腐剤などに含まれる塩素化合物，消火剤にも使われるハロゲン化合物などのさまざまな汚染物質を分解することが可能だ．殺虫剤や各種農薬なども白色腐朽菌の出す酵素の分解できるターゲットである．これら汚染物質を含浸させたおがくずや木片に白色腐朽菌を生育させるといった実験からは肯定的な結果が示されてはいるが，広い汚染地域を浄化するような大規模な実験の報告はまだない．

また，トルエンやナフタレンなどの毒性の高い有機溶媒を分解することができるバクテリアや真菌がいることが知られているが，バイオレメディエーションに応用できるかについては，その実地検証を待たなければならないだろう．

座礁したタンカーや海底油田事故で海洋上へ流れ出た原油は，地球規模での重篤な環境汚染の一例といえる．漁業に深刻な打撃を与え，海にすむ哺乳類や鳥類を殺し，その地域の経済をめちゃめちゃにする．海洋のバクテリアの中には原油の油滴を分解できるものもいる．これらの微生物の活性を高めれば，クリーンアップ作戦の助けになる．

アルカニボラックス・ボルクメンシス *Alcanivorax borkumensis* は海洋性のプロテオバクテリアであり，さまざまな炭化水素（アルカン）を分解する酵素を持っている．このバクテリアは石油の分解効率を高めるために，界面活性剤をも分泌する．この菌が取り扱いやすいように，界面活性剤は石油を小さな油滴にして分散させる．このバクテリアは好気性なので，海洋表面に広がる石油を最も効率よく分解できる．原油流出からしばらくたつと，分子量の小さいアルカンは大気中へと蒸散し，大きな分子量を持つものは，それぞれの沈降速度で，海底へと沈んでいくだろう．炭化水素の中でも重いものは，海底まで沈み込み，堆積層の中に埋もれてしまうかもしれない．このような場合，好気性のバクテリアで分解を進めることは簡単ではなくなるだろう．

アルカニボラックスは，原油流出の直後にその数を増加させ，ブルームとよばれる巨大な集団を汚染海水中に形成する．このバクテリアの増殖はリンと窒素が限定要因となっている．よって，これらを“肥料”として散布するのは，石油浄化を加速する効果的な戦略の１つといえる．

もう１つの海洋性の炭化水素分解バクテリア，オレイスピラ・アンタークティカ *Oleispira antarctica* は南極沿岸の海水から分離されたものである．このバクテリアは寒冷海域での原油流出のバイオレメディエーションでその力を発揮できるだろう．

微生物が支えている恒常性の限界

われわればかりではなくすべての生物を害する生物圏の汚染は，われわれの工業または農業活動の結果として起きたのだというのは否定しがたい事実である．化石燃料の消費と気候変動との関係は，地球を長きにわたって生命が繁栄し得る環境に保つという観点からも，喫緊の課題といわざるを得ない．微生物は，土壌や水を解毒し，二酸化炭素を吸収することによって，人類の急速な人口増加や天然資源の大量消費が引き起こした事態に対する巨大な緩衝材として機能してきたのである．しかし，これにもおのずと限界はある．バクテリアやアーキア，そして真核微生物が生物圏の恒常性を維持する能力にも限度があるのだ．汚染が微生物による土や水，大気の浄化作用の閾値（いきち）を超え，人類の未来を支えることができなくなったその時に，われわれは，きっとあとから，それを知ることになるのだろう．

その一方で，生物圏を統治する微生物への理解も深まっているはずだ．メタゲノム解析は，われわれの地球上至るところの陸上または海洋環境に，膨大な数の微生物と，数でそれにまさるウイルスが存在していることを明示した．われわれは深い海の堆積物中にも微生物の“隠れた世界”があり，一見いかなる生命の生存も許さない環境であったとしても，そこで微生物は繁栄しているのだ．

また，腸内微生物をはじめとするヒト *Homo sapiens* の常在微生物の研究は，われわれの細胞の数をはるかに超える微生物が体の中に生息していることを明らかにした．そして，「人間そのものが複雑な生態系である」という新鮮で示唆に富む見方をわれわれに提供してくれたのだ．われわれはすべて，微生物が形づくった壮大な共生社会の中の一員にすぎないのである．

われわれはみな微生物の中で産まれ，微生物とともに生き，そして最後には微生物に分解されて消えるのだ．

微生物は地球上のどこにでもいる．そして，微生物はわれわれが滅びた後も，悠久の時を生き続けていくのである．

参考文献

微生物学は日々刻々と変化する目下進行中の研究分野であり，いかなる文献も出版から数か月を待たずに，重要な情報を欠いたものとなってしまう可能性がある．微生物学の最新の情報を得るためには，定期刊行される学術誌に載った総説や解説に目を通すのが一番である．このような有益な情報を含む総説が掲載される定期刊行誌を以下に列記しておく．

Annual Review of Microbiology, Clinical Microbiology Reviews, Current Opinion in Microbiology, Current Topics in Microbiology and Immunology, FEMS Microbiology Letters, FEMS Microbiology Reviews, Frontiers in Microbiology, Fungal Biology Reviews, Letters in Applied Microbiology, Microbiology and Molecular Biology Reviews, Microbiology Today, Nature Reviews Microbiology, Trends in Microbiology

第１章　微生物の大いなる多様性

微生物学の入門書として，以下の有名な洋書が知られている．

M. T. Madigan, J. M. Martinko, K. S. Bender, D. H. Buckley

and D. A. Stahl, Brock Biology of Microorganisms, 14th edition (Pearson, 2015; 邦訳は原書第 9 版『ブロック微生物学』オーム社, 2002 年) は, 豊富な情報が美しいイラストとともに掲載されており, これらの中でも最良の書といえよう. とくに, 微生物の極めて複雑な代謝作用を理解するのに, 本書はうってつけである. なお, 本書に限らずほとんどの微生物学の入門書は原核生物やウイルスを中心に説明したものであるが, 著者のニコラス・P・マネーが 2014 年に上梓した "The Amoeba in the Room: Lives of the Microbes" (Oxford University Press, 2014; 邦訳小川真 訳『生物界をつくった微生物』早川書房, 2015) は多様な微生物のもうひとつの重要な構成者である真核微生物を詳細に説明したものである.

また, 藻類など光合成真核微生物に関して, 以下の書籍で詳しく解説されている. L. Barsanti and P. Gualtieri, "Algae: Anatomy, Biochemistry, and Biotechnology" 2nd edition, (CRC Press, 2014).

これら文献を読むにあたっては, 微生物を含むすべての生物の系統進化がひと目で分かる系統樹を掲載している以下のウェブサイトがよい参考となるだろう.

http://www.tolweb.org/tree/phylogeny.html

第 2 章　微生物はどのように生きているのか

F. M. Harold, "The Vital Force: A Study of Bioenergetics", W. H. Freeman, 1986.

D. G. Nicholls and S. Ferguson, "Bioenergetics" 4th edition, Elsevier, Academic Press, 2013.

第３章　微生物遺伝学と分子微生物学

B. Alberts *et al*., “Molecular Biology of the Cell” 5th edition, Garland Science, 2007.

L. Snyder, J. E. Peters, T. M. Henkin, and W. Champness, “Molecular Genetics of Bacteria” 4th edition, ASM Press,
2013.

第４章　ウイルス

J. Carter and V. Saunders, “Virology: Principles and Applications” 2nd edition, Wiley: 2013.

D. H. Crawford, “Viruses: A Very Short Introduction” Oxford University Press, 2011.（邦訳：永田恭介 監訳『ウイルス』, 丸善出版 , 2014 年）

C. Zimmer, “A Planet of Viruses” University of Chicago Press, 2011.（邦訳：今西康子 訳『ウイルス・プラネット』, 飛鳥新社 , 2013 年）

第５章　ヒトの健康と病気にかかわる微生物学

S. G. B. Amyes, “Bacteria: A Very Short Introduction” Oxford University Press, 2011.

M. J. Blaser, “Missing Microbes: How the Overuse of Antibiotics is Fueling our Modern Plagues” Henry Holt, 2014.

L. Collier, J. Oxford, and P. Kellam, “Human Virology” 4th edition, Oxford University Press, 2011.

K. Murphy, “Janeway’s Immunobiology” 8th edition, Garland, 2011.

L. M. Sompayrac, “How the Immune System Works” 4th edition, Wiley-Blackwell, 2012.

第６章　微生物の生態学と進化

C. Gerday and N. Glansdorff（eds.）, “Physiology and Biochemistry of Extremophiles”, ASM Press, 2007.

D. L. Kirchman（ed.）,“Microbial Ecology of the Oceans” 2nd edition, Wiley-Blackwell, 2008.

D. L. Kirchman, “Processes in Microbial Ecology” Oxford University Press, 2012.

R. V. Miller and L. G. White, “Polar Microbiology: Life in a Deep Freeze” ASM Press, 2012.

F. Rohwer, M. Youle, and D. Vosten, “Coral Reefs in the Microbial Seas” Plaid Press, 2010.

第７章　農業とバイオテクノロジーの中の微生物

M. P. Doyle and R. L. Buchanan, “Food Microbiology: Fundamentals and Frontiers” 4th edition, ASM Press, 2013.

B. R. Glick, J. J. Pasternak, and C. L. Patten, “Molecular Biotechnology: Principles and Applications of Recombinant DNA” 4th edition, ASM Press, 2009.

E. A. Paul, “Soil Microbiology, Ecology and Agriculture” 3rd edition, Elsevier, Academic Press, 2007.

図の出典

図 1, 2, 5-10, 13, 14, 17, 18, 20, 21
Mark W. F. Fischer, Mount St. Joseph University, Cincinnati, Ohio

図 3
S. Shivaji et al., *International Journal of Systematic and Evolutionary Microbiology,* 56 (2006), 1465–1473 のデータをもとに作成された http://microbewiki.kenyon.edu の図を引用

図 4
CCALA Culture Collection of Autotrophic Organisms (http://ccala.butbn.cas.cz)

図 11
© 〈www.cronodon.com〉

図 12
Mark W. F. Fischer
（翻訳にあたり一部改変）

図 15(c)
Huzefa Raja

図 19
L. Shanor, A. W. Poitras, and R. K. Benjamin, *Mycologia,* 42 (1950), 271–278

図 22
Paola Bonfante and Andrea Genre, *Nature Communications,* 1 (2010), 3

図 23
Philippe Crassous/Science Photo Library

索　引

か　行

さ　行

た　行

な　行

は　行